土建学科前沿学术研究丛书

基于霍普金森杆试验的千枚岩动力学特性研究

许江波　赖　杰　董　彤　向钰周　著

上海交通大学出版社
SHANGHAI JIAO TONG UNIVERSITY PRESS

内容提要

本书根据实际工程的需要，借助霍普金森试验设备，从而结合千枚岩自身的特点，完成霍普金森试验并分析试验数据，研究获得了多因素及其耦合作用下千枚岩的动态力学特性、抗压强度、动态压缩弹性模量及峰值应变特性的变化规律等成果，为从事建筑设计和建筑施工的研究及技术人员提供参考。

图书在版编目(CIP)数据

基于霍普金森杆试验的千枚岩动力学特性研究/许江波等著．—上海：上海交通大学出版社，2023
ISBN 978－7－313－27566－0

Ⅰ．①基… Ⅱ．①许… Ⅲ．①千枚岩－岩体动力学－研究 Ⅳ．①TU452

中国国家版本馆 CIP 数据核字(2023)第 095563 号

基于霍普金森杆试验的千枚岩动力学特性研究
JIYU HUOPUJINSENGAN SHIYAN DE QIANMEIYAN DONGLIXUE TEXING YANJIU

作　　者：许江波　赖　杰　董　彤　向钰周
地　　址：上海市番禺路 951 号
出版发行：上海交通大学出版社
电　　话：021-6407 1208
邮政编码：200030
印　　制：武汉乐生印刷有限公司
经　　销：全国新华书店
开　　本：700mm×1000mm　1/16
印　　张：10
字　　数：206千字
版　　次：2023 年 6 月第 1 版
印　　次：2023 年 6 月第 1 次印刷
书　　号：ISBN 978－7－313－27566－0
定　　价：78.00 元

序

21 世纪以来，伴随着经济的快速发展、综合国力的不断增强，我国交通基础设施建设迎来了快速发展期。大量基础设施的建设，为工程技术的发展提供了沃土，在隧道及地下工程方面，我国已成为世界上工程项目数量最多、规模最大、地质条件最复杂、结构形式最多样的国家。进入新时代，伴随着"新时代西部大开发""一带一路"倡议的深入实施，着眼于服务脱贫攻坚、助力乡村振兴的大局，我国中西部地区交通基础设施建设不断向边远山区快速推进，面临的急难险重工程技术难题更加突出，尤其是千枚岩等不良地质所造成的软岩大变形问题是当前业界亟须解决的重大课题。千枚岩作为一种具有千枚构造的浅变质软岩，其自身具有的各向异性突出、遇水软化、水温稳定性差等特点，导致工程灾害频发，给工程的推进带来了极大的挑战，因此开展千枚岩的相关工程性质研究具有迫切的现实需求。

目前，已有的千枚岩研究成果多在静力学条件下展开，而千枚岩所处工程地质环境复杂多变，在工程建设以及运营过程中，会经常受到施工爆破、机械开挖、汽车荷载、地震等动力荷载作用，因此本书作者立足实际工程需要，借助霍普金森杆试验设备，根据千枚岩自身特点，系统研究了多因素及其耦合作用下千枚岩的动态力学特性。研究成果不仅可以为千枚岩工程建设提供一定的借鉴指导，而且可以在一定程度上丰富千枚岩动力学研究理论体系。本书主要有以下两个方面的特点：

(1)聚焦重大工程和重点项目。我国交通基础设施建设蓬勃开展，各类工程项目不断兴建，已有的诸如兰新铁路的乌鞘岭隧道、兰渝铁路的木寨岭隧道、乌若高速的乌尉天山胜利隧道、乐西高速的大凉山隧道等新建项目中涌现了大量千枚岩工程问题，本书聚焦千枚岩工程典型问题，开展了一系列试验研究，系统揭示了千枚岩在多种因素影响下的动态力学特性。

(2)注重科学理论研究。千枚岩劣化变形破坏因素复杂多变，传统岩体分析理论存在无法完全合理量化千枚岩宏细观劣化的不足；现有软岩研究成果尚且无法准确阐述千枚岩动力劣化演化规律；经典岩体劣化模型仍无法全面揭示千枚岩的动力劣化机制。针对以上问题，本书研究成果在完善现有软岩分析理论与模型方面做了诸多探索，也为丰富和完善软岩分析理论与模型做了积极贡献。

多年来，本书作者坚持理论研究与工程实践相结合，坚持用扎实的研究成果服务国家重大工程。当前，国内外交通基础建设事业蓬勃发展，作者将近年来针对千枚岩的相关研究成果集册出版，期待本书相关成果能够为我国重大工程建设提供一定助力。

中国工程院院士 郑颖人

前　言

近年来,国民经济飞速发展,交通基础设施建设的步伐也越来越快。根据国务院《"十三五"现代综合交通运输体系发展规划》的要求,截至2020年,我国高速铁路营运里程达3万公里,高速公路通车里程达15万公里。我国西部山区地形、地貌复杂,高速公路的蓬勃发展势必会导致各类长大、艰险、复杂的隧道不断涌现,其中也伴随大量千枚岩工程的涌现,如兰新铁路的乌鞘岭隧道、兰渝铁路的木寨岭隧道、乌若高速的乌尉天山胜利隧道、乐西高速的大凉山隧道等。随着国家"一带一路"倡议的实施,千枚岩在基础建设中所占的比重将会越来越大,而以往的千枚岩力学研究主要在静力条件下进行,且往往只针对单一变量,缺乏多因素及其耦合作用下千枚岩岩体动力特性的研究。

本书以国家自然科学基金青年项目等多种项目的研究成果为依托。在千枚岩试验研究基础上,笔者结合自身多年来从事岩土方面工作积累的经验编写了本书。全书共六章,第一章阐述了霍普金森压杆系统的组成,以及霍普金森试验的基本原理和实验步骤。第二章基于试验数据,分析了千枚岩的动态拉压力学特性。第三章给出了尺寸效应对千枚岩动态抗压强度和峰值应变的影响,并对其动态压缩能量变化过程进行了论述。 第四章阐述了干湿状态下千枚岩的动态峰值拉压强度、动态拉压弹性模量以及能量变化的演化过程。第五章揭示了不同温度循环下千枚岩动态峰值拉压强度、动态弹性模量以及能量变化的演化过程。第六章阐述了在多 因素耦合作用下千枚岩的峰值强度和峰值应变的变化规律。

本书由许江波、赖杰、董彤、向钰周等撰写，具体分工如下：第一章由许江波、孙浩珲、赖杰、费东阳、余洋林、崔易仑、王少伟、吴雄编写；第二章由许江波、向钰周、崔易仑、祁玉、赵丹妮编写；第三章由许江波、董彤、余洋林、孙国政、侯鑫敏编写；第四章由许江波、孙浩珲、费东阳、仲夏、曾祥龙编写；第五章由许江波、赖杰、孙浩珲、乔威、尹瑞博、李强编写；第六章由许江波、赖杰、向钰周、董彤、孙浩珲编写。

本书的文字编辑和图表修改主要由研究生王少伟、吴雄、祁玉、赵丹妮、孙国政、侯鑫敏、仲夏、曾祥龙、乔威、尹瑞博、李强等完成。另外，本书的编写还参考了诸多学者的研究成果，在此一并表示感谢。

由于笔者水平有限，本书对有些问题的研究还不够深入，论述中也可能有不当之处，加之时间仓促，疏误之处在所难免，热切希望专家和读者批评指正。

目　录

绪　论

2019 年中共中央、国务院发布的《交通强国建设纲要》明确指出:2035 年我国将基本建成“人民满意、保障有力、世界前列”的交通强国,2050 年将全面建成交通强国。交通运输部的统计数据显示,截至 2020 年年底,包括高速铁路营运里程 3.8 万公里在内,全国铁路营运里程已经超过 14.6 万公里,同时,全国公路通车里程也已达到 519.8 万公里,其中高速公路营运里程超过 16.1 万公里。我国交通基础设施建设取得了举世瞩目的成就,然而交通基础设施发展的不平衡不充分问题依然突出,广大中西部地区交通的网络布局、通达程度、便捷效率仍无法满足经济社会发展的需求。《中共中央关于制定国民经济和社会发展第十四个五年规划和二〇三五年远景目标的建议》中明确指出:要加快交通强国建设,推动区域、城乡布局完善,加大农村、边境和民族地区、革命老区的交通通达深度。实施川藏铁路、西部陆海新通道、国家水网、雅鲁藏布江下游水电开发等重大工程,打通国土空间上存在的自然地理障碍,提高跨区域联通的便利性,推动西部大开发形成新格局,促进中部地区加快崛起。新的战斗号角已经吹响,在可以预期的未来五至十五年,国家对中西部地区的交通基础设施投入势必持续加大,然而我国中西部地区地形、地质条件复杂,以碳质千枚岩、绢云母千枚岩、绿泥石千枚岩等为主的软岩地层在我国西部分布极为广泛(如图 1 所示),当前,在兰新铁路乌鞘岭隧道(如图 2 所示)、兰渝铁路木寨岭隧道(如

图 3 所示）等新建项目中，已经涌现出大量千枚岩地质。伴随着交通强国建设的持续深入、西部大开发新格局的加速形成，千枚岩地质必将会在公路、铁路、隧道、水利水电等项目中不断涌现，开展千枚岩的相关研究具有迫切的现实需求及工程应用前景。

图 1 千枚岩现场分布图

图 2 乌鞘岭隧道

图 3 木寨岭隧道

千枚岩是由泥质、粉砂质或中酸性凝灰岩等岩石经过区域变质作用形成的一种非均质、各向异性突出的浅变质岩石，矿物成分以绢云母为主，有时含有绿泥石、黑云母、石英、石榴石或十字石等，多为黄色、绿色、褐色或灰色，不同类型千枚岩如图 4 所示。在长期地质条件作用下，千枚岩内部会产生大量层理、微裂纹、孔洞，呈现出被剥成叶片状的薄片，表面有显著丝绢光泽，具有千枚状构造。千枚岩岩质较软，强度低，抗风化能力、抗水性能力、抗变形能力都比较差，经风化作用，其层理面更加发育，强度也大幅降低。

垂直层理　平行层理

a)碳质千枚岩

垂直层理　平行层理

b)绿泥石千枚岩

垂直层理　平行层理

c)绢云母千枚岩

垂直层理　平行层理

d)石英千枚岩

图 4　不同千枚岩取样图

目前,国内外学者主要是通过开展单轴、三轴压缩试验研究静力学条件下千枚岩的物理、力学性质,然而在实际工程建设过程中,大多数隧道、硐室岩体的开挖、破碎均采用爆破冲击、机械扰动等工程措施,而且,高速公路的车辆荷载、铁路的列车荷载、地震作用等动荷载(如图 5 所示)也时常对工程岩体构成威胁。相关研究表明,常规静力条件下岩石的力学性能与动力学条件下岩石的力学性能存在显著差异,因此,仅从静力学角度开展千枚岩物理、力学性质的研究显然已经不能满足工程实际需求,开展千枚岩动力学特性研究十分必要。

a)隧道爆破

b)隧道掘进

c)铁路列车荷载

图5 动荷载类型

一、岩石动力学发展历程

动荷载作用下，岩石(体)的动力学研究可划分为多个具体研究方向，主要包括动力学性质与本构关系、爆破效应与破岩机理、岩石(体)中应力波传播与衰减规律、岩爆与冲击地压机理、岩石(体)动力学的计算机仿真与数值计算、岩石动力学在工程中的应用等方向。由于岩石受到冲击荷载时必须考虑波效应(惯性效应)，因此，岩石动力学也可以说是以应力波为理论基础的一门科学。

国际上，在20世纪五六十年代，源于核试验需求，美国开展了大量岩石动力学的相关探索。1979年Josef Henrych撰写的*The dynamics of explosion and its use*和1987年George B Clark撰写的*Principles of rock fragmentation*等著作，极大地推动了岩石动力学的发展。在国内，岩石动力学研究源于20世纪60年代初大冶铁矿边坡稳定性研究中的“爆破动力效应试验”，而1965年国防科学技术委员会将“防护工程问题研究”确立为国家10年规划中的重点项目则真正较全面地开启了岩石动力学的研究。1965—1980年的15年间，我国开展了多次大规模防护工程与国家安全工程现场试验，获取了岩体内大量的位移、速度、加速度等力学参数，查明了冲击应力波在岩土中的传播、衰减规律，成功构建了岩体动态本构模型，同时，研制出一批位移、速度、加速度测量装置以及岩石动载机、霍普金森压杆等试验设备，奠定了我国岩石动力学发展的坚实基础。1977年，由国家多部委组织，联合军队、高校开展了历时10多年的地下炸药库安全问题的专项研究(七七工程)，项目开展期间，我国首次组织开展了最大规模比例达1∶1、炸药当量达500tTNT的现场原型洞库爆炸试验，研究成果进一步促进了岩石动力学的发展。改革开放后，国家经济、社会建设快速发展，随之而来的大规模交通基础设施建设创造了丰富的工程实践场景，在着力解决高填深挖、特长隧道(洞)的爆破开挖等工程技术难题的过程中，我国的岩石动力学研究获得了长足发展。随着岩石动力学的发展不断走向快车道，中国岩石力学与工程学会岩石动力学专业委员会于1987年应运而生，标志着我国岩石动力学研究正式成为独立的学科。经过多年的发展，如表1和图6所示，目前的研究一般认为应变率在$10^1 \sim 10^4\ s^{-1}$范围内的荷载，属于岩石动力学的研究范畴，其试验方法主要包括：动载机、霍普金森试验系统、常规爆炸荷载等。

表1 不同应变率下岩石变形分类

荷载状态	应变率($\dot{\varepsilon}/s^{-1}$)	实验方法	动静态区别
蠕变	$<10^{-5}$	蠕变试验机	惯性力可忽略
静态	$10^{-5} \sim 10^{-1}$	普通试验机和刚性伺服试验机	
准动态	$10^{-1} \sim 10^{1}$	气动快速加载机	惯性力不可忽略
动态	$10^{1} \sim 10^{4}$	霍普金森压杆及其变形装置	
超动态	$>10^{4}$	轻气炮、平面波发生器	

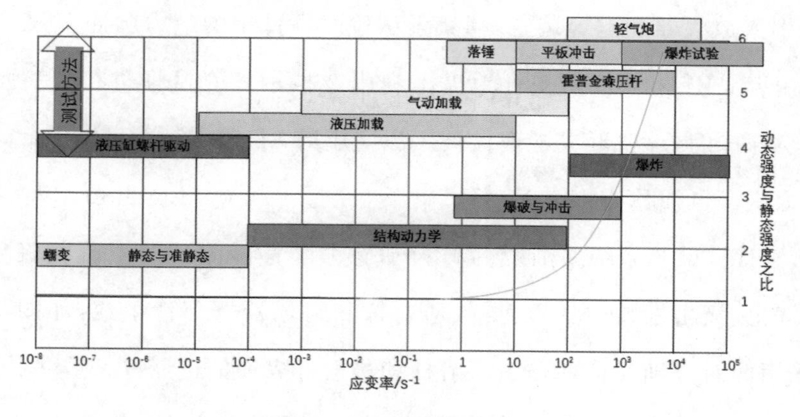

图6 动力问题分类示意图

二、霍普金森杆试验研究现状

与其他岩石动力学试验方法相比,分离式霍普金森(SHPB)试验系统由于操作方便、适用性强以及可控性好等特点,已经成为研究中高应变率条件下岩石类等脆性材料动力学特性的常规试验设备。随着科学技术的发展,改造后的新型SHPB已经可以用于开展动态压缩、拉伸、剪切、断裂等一系列岩石动力学试验。

19世纪初,学者们认识到材料在动载和静载条件下的力学性能存在明显差异,在此背景下,开启了霍普金森(SHPB)试验系统漫长的发展历程。

1807年Thomas Young首次提出了弹性波的概念,认为杆在轴向冲击力作用下,可以从能量的角度开展定量化的分析。

基于此理念,J. Hopkinson于1872年利用铁丝冲击拉伸试验完成了历史上首次冲击荷载作用下材料力学特性的试验研究。

1914年,B. Hopkinson首次利用杆件冲击原理实现了应力波对材料的加载,形成了SHPB试验系统的雏形。

在B. Hopkinson试验思想的基础上,Davies拓宽了应力波加载思路,于1948年引入放大器和电容装置,捕获了试验时杆件中的应力脉冲。

1949年,Kolsky H历史性地提出利用2根钢杆对试样进行夹持加载,实现了试验杆件的分离,形成了现代被广泛应用的SHPB试验系统,因此,分离式霍普金森压杆也被称为Kolsky杆。此后,经过Kolsky,Lindholm等人的进一步发展,SHPB试验系统逐渐成为材料动态力学性能测试的主流试验装置,其主要由气枪、撞击杆、子弹、入射杆、透射杆和阻尼器等部件组成,如图7所示。同时,采用两对分别对称粘贴于入射杆和透射杆表面的应变片来收集撞击杆上的脉冲波形信号,并传输保存于数字示波器;在子弹出膛处安置激光测速仪,实现对子弹冲击速度的准确测量。

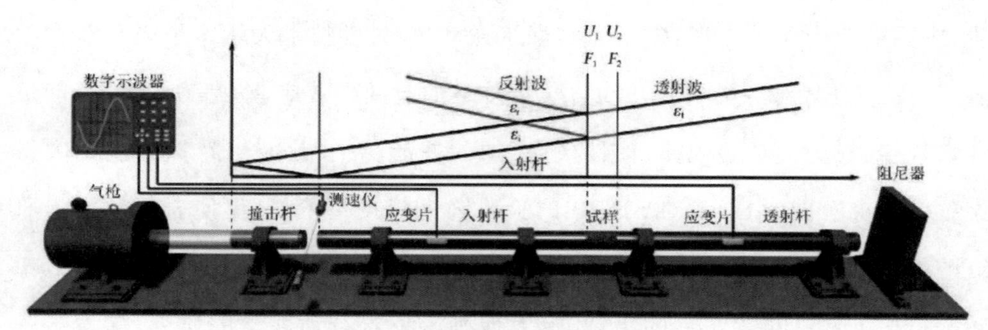

图 7 霍普金森(SHPB)试验系统

SHPB 试验系统最初主要应用于金属材料的动力学性能研究领域，随着岩石动力学和岩石爆破理论的发展，SHPB 试验系统的优势在岩石动力学研究领域逐步凸显并得到广泛应用。20 世纪 60 年代，SHPB 试验系统第一次被引入岩石动力学研究领域，并逐步成为岩石动力学研究的常规试验设备。通过 SHPB 试验系统，1968 年 Kumar 对玄武岩、花岗岩，1970 年 Hakalento 对大理岩、花岗岩和砂岩等多种类型岩石的动力学性能做了有益探索，1983 年 Kumano A 和 Goldsmith W，Mohanty B，Blanton T L 等利用新型三轴 SHPB 试验设备提供更贴近自然的应力环境，对石灰岩、砂岩、页岩、凝灰岩的动力学特性开展了更为深入的研究，如图 8 和图 9 所示。

图 8 高速摄影下岩石破裂过程图　　　　图 9 岩石破化图

随着岩石动力学的不断发展，后续学者根据不同的研究和试验需求对 SHPB 装置进行了许多有益的改进和完善，SHPB 业已成为岩石动力学研究的主要试验装置。我国中南大学李夕兵、周子龙等，北京科技大学于亚伦、王林等，中国矿业大学单仁亮，中南大学宫凤强，中国科学技术大学席道瑛等众多学者，利用 SHPB 对各类岩石在动力学条件下的应变率效应、动态力学特征、能量耗散规律、应力波传播规律、惯性效应、加载波形、尺寸效应等特性开展了大量细致的研究。同时，通过对 SHPB 试验系统进行技术革新，促使岩石动力学研究的加载条件从单一的轴向压缩扩展到动静组合压缩、三维组合压缩、拉伸、扭转等方面。新的试验平台的出现，极大地刺激了岩石动力学的研究，催生了一批有价值的研究成果。

三、千枚岩各向异性研究现状

千枚岩自身特殊的层理构造使得其力学性能与其他类型的岩石有明显的区别，已有的针对千枚岩的研究也多以千枚岩各向异性特征为切入点，兼顾考虑围压、含水率、冻融等影响因素，分析千枚岩的力学特征、宏微观破裂模式、流（蠕）变特征。静力学条件下，众多学者取得了大量研究成果。T. Ramamurthy 等考虑岩石的矿物组成、结构、地应力等因素对岩石各向异性的影响，选取了 0°～90°的 7 种定位角的 3 类千枚岩开展 0～70MPa 围压下的抗压试验，获得围压、定位角与千枚岩物理力学特性的关系曲线，量化千枚岩的各向异性。郑达通过对产于金沙江畔的绢云母与硅质板状千枚岩开展单、三轴抗压强度试验研究发现：定位角为 30°时，千枚岩强度参数最小，定位角为 90°时达到最大。同时，采用各向异性率指标定量评价千枚岩的各向异性程度，发现千枚岩单轴抗压强度各向异性特征更明显。周阳等对汶马高速沿线板裂千枚岩开展单、三轴压缩试验，研究发现：板裂千枚岩弹性模量、抗压强度、黏聚力和内摩擦角均随层理倾角的增大，呈先减小后增大的 V 型分布规律；板裂千枚岩的强度、变形参数和破裂模式与层理倾角和围压的大小密切相关，其各向异性会随着围压的增大逐渐减弱。吴永胜等通过单、三轴试验开展川西北茂县群千枚岩的各向异性力学特性研究，结果表明：横向应变对损伤扩容更敏感，更能反映岩石材料内部的屈服、弱化;含水率与围压不同,千枚岩各向异性变化规律不同;干燥千枚岩的各向异性最为显著,不同类型千枚岩的各向异性率存在差异。周阳等研究了片理面和含水率对千枚岩力学性质和破坏模式的影响及其软化机制,结果表明:片理角度从0°到90°,千枚岩弹性模量呈倒S型变化规律,变形模量和抗压强度呈U型变化规律,各向异性显著;饱水千枚岩的弹性模量和变形模量显著减小,破碎程度降低,脆性减弱,剪切破坏增强。许圣祥等通过三轴压缩试验,揭示了节理夹角为5°～45°,小角度节理千枚岩的强度与扩容特征。

四、千枚岩层理面特性研究现状

郑达等利用扫描电镜手段研究了产自金沙江畔的绢云母千枚岩与硅质板状千枚岩的微观破裂形式,结合千枚岩宏观破裂特征,发现千枚岩宏、微观破裂形式具有明显相关性,同时发现,围压不同可导致千枚岩的破裂方式不同。王丰考虑了千枚岩层理面倾角、围压等因素,通过开展三轴压缩试验发现:千枚岩破坏模式主要有横交层理面剪切与沿层理面滑动的复合型破坏、张拉-剪切复合型破坏、沿层理面间的剪切滑动破坏三种;层理面倾角增大,将导致千枚岩破坏模式由复合型向单一型转变;围压增大将使千枚岩层理面效应大大减弱。蒲超等通过三轴压缩试验研究发现:低围压下,千枚岩破坏模式为张拉-剪切复合型破坏,随着围压升高,破坏模式转变为剪切破坏;围压对岩石内部裂纹扩展具有阻碍作用。蔺海晓等采用中心直切槽半圆盘层状岩样系统研究了层理倾角、层理强度、层理间距及切缝倾角等变量对层状千枚岩断裂特性的影响。

任光明等沿千枚岩层理面开展剪切流变试验,基于此,利用伯格斯模型描述千枚岩力学参数,最终构建描述千枚岩沿层理面的长期强度及剪切流变特性的本构模型。曾鹏等采用分级加载方式开展单轴蠕变试验,研究发现:相同加载条件下,绢云母千枚岩强度随着层理面倾角的增大呈U型变化规律,各向异性明显,同时,其长期强度为单轴抗压强度的60.40%～82.71%。袁泉等通过单轴压缩蠕变试验，研究千枚岩蠕变的各向异性特征，发现层理倾斜的岩样具有明显的蠕变特性，其中层理倾角30°岩样轴向蠕变速率最高；岩样长期强度与短期强度比值范围为0.62～0.64，随层理倾角的增加，长期强度呈U型分布规律。朱秋雷研究了层状千枚岩蠕变参数各向异性对隧道围岩大变形的影响。李森等通过单轴加卸载压缩试验，结合线弹性能判据（PES）、弹性能量指数（WET），对不同层理角度千枚岩的岩爆倾向性进行定量分析发现：千枚岩的岩爆倾向性呈0°最大、90°次之、60°最小的U型变化规律。杨建明等通过单轴一次加卸载试验研究了层理倾角对千枚岩变形破坏过程中能量演化及岩爆倾向性的影响，发现岩样在应力峰值前表现为能量积聚，峰值后表现为能量释放和耗散；随着层理倾角的增大，岩石储能极限、残余弹性能和最大耗散能均呈U型变化，层理倾角60°时最小。陈子全等从能量损伤演化角度分析发现：层理倾角对千枚岩储能能力影响显著，而对其释能和损伤破裂演化机制影响较小，含水状态则对千枚岩的储能与释能机制均更加敏感。

五、动载条件下岩石的尺寸效应研究现状

岩石材料动态加载下的尺寸效应是一个重要的研究方向，针对动态荷载作用下岩石动态强度特性随试样尺寸变化的研究较少，也缺乏统一的认识。梁昌玉等对花岗岩进行尺寸效应研究，发现花岗岩冲击破坏需要的能量与长径比呈负相关关系，在静载和准动态下，动态抗压强度和峰值应变随试样长度的增加而降低（如图10所示）。李夕兵等以石灰岩为研究对象，进行不同试样尺寸下的SHPB试验，发现试样长径比越大，石灰岩动态抗压强度越小。杜晶对砂岩进行了动态尺寸效应研究，发现砂岩在应变率不变时，动态抗压强度随试样长径比增大而增大。洪亮以相同长径比（L∶D=1∶2）、不同直径和长度的岩石为研究对象，进行应变率由100s^{-1}增加到450s^{-1}的动态冲击压缩试验，研究结果表明，试样尺寸越大，岩石动态抗压强度也就越大，应变率的增大会增强岩石

动态抗压强度的尺寸效应(如图 11 所示)。

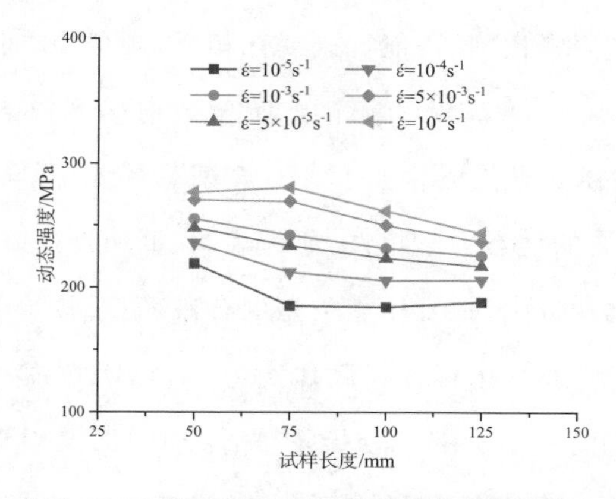

图 10　不同应变率条件下花岗岩强度尺寸效应

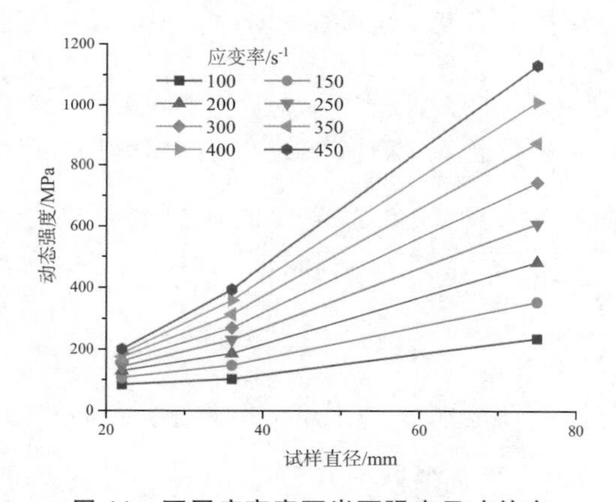

图 11　不同应变率下岩石强度尺寸效应

高富强等以石灰岩为研究对象,进行不同长径比下的压缩试验,定性分析了准静态和动态加载下岩石试样强度与长径比的关系。李地元等选取同直径不同长径比花岗岩为研究对象,通过水平冲击试验和单轴压缩试验,分析了试样破碎程度与长径比的关系;发现相同应变率下,试样长径比越小,花岗岩的动态抗压强度越小。

千枚岩动力学研究主要从层理面、冲击气压等角度展开。许江波等采用 SHPB 装置研究不同节理倾角千枚岩在同一冲击速度下的能量传递规律和强度衰减特征,分析干燥与饱和状态下节理千枚岩的动力特性。结果表明:饱和状态下,千枚岩动态峰值强度降低,延性增强。随着节理倾角的增大,千枚岩反射能比先增后减,透射能比、耗散能比则变化相反,倾角60°时反射能比最大,透射能比、耗散能比最小。随着节理倾角的增长,千枚岩破坏耗能与动态峰值强度均呈U型分布规律。武仁杰等基于SHPB试验系统,研究不同冲击速度下,不同层理倾角千枚岩的动态力学特性,研究表明:低速冲击时,千枚岩多发生单一破裂面破坏,而高速冲击时,发生多类型混合破坏;千枚岩的动态破坏强度随层理倾角增加呈现U型变化规律。武仁杰等结合SHPB冲击试验数据、千枚岩断口粗糙度、微观断口形态综合分析发现,层理弱面及层理倾角对千枚岩动态抗压强度、断口形貌分形维数影响显著,随层理倾角增大呈U型变化规律;基于此,从强度与裂纹扩展角度,分析层理弱面与层状千枚岩破坏特征的相关性。于妍宁等利用SHPB装置,采用单一恒定气压、气压交替两种形式的循环冲击荷载,研究不同循环冲击荷载后,千枚岩动力学性质的变化情况。研究表明:气压交替冲击对千枚岩动态应力-应变曲线影响更显著,其中,以对曲线切线斜率的影响最为突出;多次气压交替冲击后,千枚岩承受荷载的能力不断弱化。

综上所述,目前岩石在静载下的强度-尺寸效应方面达成了统一,认为岩石抗压强度随试样长径比增大而减小。但动态加载下岩石尺寸效应的研究较少,还未形成统一的认识,关于层理类岩石动态加载下的尺寸效应研究更是寥寥无几,层理的作用会对应力波的传播造成显著影响,从而改变岩石的动力特性,因此层理类岩石的动力学研究更为复杂。针对大规模千枚岩工程中动力扰动失稳等问题,开展相应千枚岩动力特性研究是很有必要的,因此首先需要探明千枚岩动态加载下的尺寸效应,一方面能够为层理类岩石进行动力学试验选取试样尺寸时提供参考,另一方面能够为千枚岩工程施工提供一定的安全指导。

六、不同应变率作用下岩石的动态响应研究现状

在岩石动力学的研究中,Kumar(1968)首次引入SHPB装置测得了岩石的

动态强度，开创了岩石动力学新纪元，后续学者又根据不同实验需求对装置加以改进，SHPB 装置逐渐发展为测量岩石动力特性的主要手段。在岩石的动力学研究中，应变率是一个重要的影响因素，国内李夕兵教授团队（2014）通过大量的研究，对应变率与对应的荷载状态进行分类，见表 2。

表 2　按应变率分级的荷载状态

项目	应变率(s^{-1})				
	$<10^{-5}$	$10^{-5}\sim10^{-1}$	$10^{-1}\sim10$	$10\sim10^{3}$	$>10^{4}$
荷载状态	蠕变	静态	准动态	动态	超动态
试验方式	蠕变试验机	普通液压和刚性伺服试验机	气动快加载机	霍普金森压杆及其变形装置	轻气泡平面波发生器
动静明显区别	惯性力可忽略		惯性力不可忽略		

国外岩石动力学试验起步较早，Friedman 等（1970）在 $10^{-4}\sim10^{3}s^{-1}$ 应变率范围内，进行了花岗岩和石灰岩的动力学试验，研究表明：当应变率增大时，花岗岩和石灰岩的强度都会出现显著的提升，弹性模量也会出现一定的增大；Janach 等（1976）展开了花岗岩和石灰岩在静力作用下和动力冲击后强度的对比，发现岩石的动强度会显著高于静力的单轴抗压强度；Chong 和 Grady 等（1980）对不同含油率的页岩进行不同应变率的动力冲击，发现不同含油率的页岩强度都会随应变率增大而增大。

国内学者根据试验需求，对 SHPB 装置进行了大量的改进，在岩石动力学的研究上也取得了较大成果。朱瑞赓等（1984）开展了花岗岩的动力特性研究，研究应力率在 $10^{-4}\sim10^{2}s^{-1}$ 区间内花岗岩的破坏行为，建立了考虑应变率效应的花岗岩破坏准则；王武林等（1989）也进行了岩石动静特性的对比，进行了大量的岩石动三轴试验，认为在动力作用下，岩石单轴抗压强度会显著提高；杨春和等（1992）探究了不同材料的动力学响应，将大理岩和泥岩同时进行多组应变率下的冲击，发现两种材料的强度都会随应变率的提高而增大；李海波等（2004）研究了动力冲击作用下花岗岩的破坏模式，发现在加上围压作用后花岗岩的破坏模式会发生转化，从锥型变为剪切破坏，花岗岩的抗压强度虽然会随应变率增大出现增大现象，但泊松比、弹性模量等变化不是很大；翟越等（2008）开展了花岗岩和混凝土两种材料的动力特性分析，发现混凝土材料对应变率的敏感性更强；李夕兵等（2010）研究了多种岩石在不同应变率下的力学响应，发现这些岩石都存在随应变率增大强度提高的现象；姜峰等（2016）利用 SHPB 装置，研究了花岗岩在不同应变率下的强度和破碎机制，发现花岗岩的强度随应变率增大会存在突变段，在应变率从 460.09 s^{-1} 上升到 860.20 s^{-1} 段内，花岗岩的强度存在大幅提高现象；何满潮等（2015）通过大量花岗岩破坏过程中的声发射试验发现，岩爆过程高 RA 对应张裂纹，低 RA 对应剪切裂纹。将以上学者关于应变率作用对岩石的研究进行总结，可得到表 3 的成果。

表 3 不同应变率下岩石动力学研究成果总结

研究者	岩石类型	应变率范围	研究结果	共同规律
Friedman 等（1970）	花岗岩、石灰岩	$10^{-4}\sim10^{3}\,s^{-1}$	弹性模量增加	岩石类材料抗压强度随应变率的增加而增加
Grady（1980）	油页岩	$10^{-4}\sim10^{-1}\,s^{-1}$	破坏模式主要为剪切破坏、劈裂破坏、剪切劈裂复合破坏	
杨春和等（1992）	泥岩、大理岩	$10^{-1}\sim10^{3}\,s^{-1}$	动态抗压强度比静态提高 70%	
李海波等（2004）	花岗岩	$10^{-4}\sim10\,s^{-1}$	应变速率从 $10^{-4}\,s^{-1}$ 增加到 $10\,s^{-1}$，强度升高了 15%	岩石类材料抗压强度随应变率的增加而增加
李夕兵等（2010）	花岗岩、粉砂岩	$10^{1}\sim10^{3}\,s^{-1}$	应变率增加时，岩石动态抗压强度显著增加	
何满潮等（2015）	花岗岩	$10^{1}\sim10^{3}\,s^{-1}$	岩爆过程高 RA 对应张裂纹，低 RA 对应剪切裂纹	

七、水作用下岩石研究现状

针对岩石干湿循环作用的研究，众多学者借助新设备、新技术、新理念，通过理论分析、室内试验、数值模拟等方法，主要围绕砂岩等不同类型岩石展开，已经取得了丰硕的研究成果，为岩石学科的发展、一线的工程应用做出了巨大贡献。

在干湿循环作用下，岩石静力学特性研究方面，众多学者取得了丰富的研究成果。张鹏等研究了不同“饱水—烘干”循环作用后砂岩单轴抗压强度损伤劣化和变形破坏规律。王子娟在室内采用“烘干—饱水—烘干”方式模拟三峡库区砂岩所处劣化环境，并综合运用理论、试验、数值模拟等多种研究手段，深化了干湿循环作用对砂岩累积劣化机制的认识。刘小红等对三峡库区紫红色粉砂岩经“烘干—饱水”循环试验后的单轴压缩和耐崩解特性开展了细致研究。傅晏等综合理论分析、室内试验、数值模拟等方法，对不同干湿循环作用下砂岩的劣化机制进行了较为系统的研究。韩铁林等选取三峡库区典型砂岩，研究了干湿循环、冻融循环作用下砂岩力学性质的劣化特性。朱江鸿等通过抗压、抗拉试验及 SEM 扫描研究了干湿循环对兰州市岩质边坡不同初始干密度砂岩强度的劣化影响。田巍巍选取新疆肯斯瓦特水利枢纽工程泥质粉砂岩，通过室内模拟干湿淋水状态变化，对风化作用下的泥质粉砂岩进行崩解性和力学特性试验研究。马芹永等采用岩石高温高压蠕变仪对不同干湿循环处理后的粉砂岩开展单轴压缩蠕变试验，探究围岩含水率变化对深部岩体长期稳定性的影响。

除砂岩外，学者还针对页岩、泥岩、大理岩、石膏质岩等岩石做了深入研究。姜永东等利用 MTS815 岩石力学测试系统，研究了干湿循环条件下砂岩、页岩的变形与力学特性。李地元等结合声发射装置，研究了干湿循环作用对红页岩静力学特性的劣化规律。苗亮等研究了干湿循环作用后巴东组紫红色泥岩的强度弱化特性，并通过 CT 扫描从微观角度分析了岩石内部的细观损伤特性。王伟等对取自锦屏水电站左岸边坡经干湿循环处理后的大理岩开展了单、三轴压缩试验，研究了不同干湿循环作用下大理岩强度、变形和破坏形式等方面的劣化规律。宋朝阳通过单轴压缩试验，并结合声发射装置，分析了干湿循环作用对弱胶结砂岩的变形破坏模式及破坏过程中声发射参数的影响。王明芳综合利用理论分析和室内试验等研究手段，揭示了干湿循环作用后，石膏质岩的物理、力学性质的劣化规律。

干湿循环作用后，岩石动力学研究依然主要集中在砂岩的研究上。袁璞等对取自安徽恒源煤矿的砂岩经干湿循环处理后，采用SHPB试验装置实施冲击压缩试验，研究不同干湿循环作用下砂岩的动态力学性能，发现：由于自由水的Stefan效应，干湿循环1次对砂岩具有增强作用，动态单轴抗压强度最高；其后，随着干湿循环次数的增加，由于受水侵蚀弱化，砂岩动态单轴抗压强度呈乘幂关系降低，岩石碎块尺寸也不断减小。杜彬等利用SHPB试验系统对红砂岩开展巴西圆盘动态劈裂试验，结果表明：加载速率相同时，红砂岩动态拉伸强度随干湿循环次数的增加逐渐下降，下降速率先快后慢。干湿循环作用对红砂岩破碎块度、分形特征影响显著。袁璞等基于Weibull理论，推导了典型砂岩在干湿循环与动载耦合劣化环境时的损伤演变公式，公式变化规律显示，岩石的损伤程度与干湿循环次数呈正相关关系，同时发现，动弹性模量取峰值应力的30%与70%连线斜率时，更能反映劣化环境对岩石的损伤。Jiangbo Xu等采用SHPB试验系统对干湿循环作用后的闪长岩开展动力学冲击试验，结果表明，干湿循环作用后，闪长岩的动态力学性能存在明显劣化特征。

在关于水作用下千枚岩研究方面，赵建军等开展了不同饱水条件下千枚岩常规三轴压缩试验，研究发现：千枚岩与水作用反应强烈，前60天，随饱水时间增加，千枚岩力学参数呈负相关变化规律，至70天后，力学参数劣化趋于稳定，劣化规律的时效性与非均匀性明显；千枚岩变形逐渐由弹性变形转变为塑性变形。崔凯等通过单轴压缩试验以及新生成分的矿物分析研究了极干-极湿、常规干湿、日常干湿3种干湿条件下斜坡表层千枚岩的劣化响应行为与机制，发现极干-极湿条件下千枚岩的劣化响应行为更为明显。蒋钰峰等对碳质千枚岩进行−40～50℃温差、周期为8h(冻、融分别4h)的冻融循环试验，研究发现：随着冻融循环次数的增加,千枚岩单轴抗压强度衰减呈先快后慢趋势,其破坏特征也表现为脆性减弱、延性增强。吴国鹏以水-常温、水-低温、水-高温、水-低温-高温等水-热环境为劣化条件,研究了千枚岩在水-热环境中的劣化机制。张闯等基于巴西圆盘劈裂试验,研究了水、层理以及孔洞共同耦合作用下千枚岩的抗拉强度、能量及破坏形式。

八、温度作用下岩石的研究现状

温度是导致岩石力学性能劣化的重要因素,静力学研究方面,众多学者做了许多有益的工作,研究对象主要集中在花岗岩、大理岩等类型的岩石上。李春等引入声发射技术,研究了温度循环对花岗岩静态拉伸特性的影响,结果表明:经多次高温循环作用,花岗岩的抗拉强度劣化明显,当温度高于 500℃时,花岗岩破裂模式逐渐由脆性向延性转化。低温水平(100 ~ 200℃)处理的试样主要沿着巴西圆盘中心线发生破裂,而经中温水平(300 ~ 400℃)处理后,试样破坏裂缝与加载轴线有一定夹角,径高温水平(500 ~ 700℃)处理后,试样已十分破碎,发生多模式复合破坏。倪骁慧等选择 20 ~ 600℃的 5 种温度循环对产自四川锦屏的大理岩进行劣化处理,随后开展单轴压缩和细观损伤特征量化试验,发现:大理岩破坏微裂纹主要包括沿晶、穿晶、晶内裂纹,其裂纹的细观几何信息具有明显数学统计分布规律。余莉等研究了不同温度作用下热-液耦合循环处理后花岗岩单轴力学性能及破坏方式,发现:随着温度循环次数的增加,峰值强度等关键力学参数均出现明显劣化。明杏芬等研究了温度循环次数与花岗岩抗压强度、弹性模量、抗拉强度之间的劣化规律,同时,引入纵波波速劣化度定量分析温度循环对岩石的损伤。张勇研究了温度循环作用对蚀变岩力学性质的影响,发现:温度循环作用后蚀变岩力学参数发生劣化,且温度循环次数越多劣化越明显。赵国凯、朱小舟采用多功能高温三轴伺服控制试验机,对温度循环作用后,花岗岩的力学特性、单一裂缝演化规律及渗透性开展研究。

朱珍德等从经历温度循环的裂隙岩体的微裂隙扩展机制研究入手，采用 SEM 提取了各温度下大理岩断口细观结构参数，从细观角度统计分析岩石微裂隙几何参数、细观损伤分形维数与温度水平的相关性。赵飞等研究了干热岩开发背景下不同热循环后花岗岩的孔隙特征，结果表明：花岗岩孔隙特征分布曲线具有明显的双峰特征；热循环对孔隙的影响较大，对孔隙结构的影响较小，建立了循环应力温度作用下的岩石本构模型。

在温度循环条件下的岩石动力学研究方面，平琦等利用 SHPB 试验装置及高温环境箱，研究了不同实时高温作用对砂岩动态力学性能和破坏形态的影响规律，结果表明：随着作用温度的升高，砂岩的动态抗压强度呈先增大后减小的规律，峰值应变呈线性增加趋势，弹性模量整体呈二次抛物线下降趋势，平均应变率呈二次抛物线增加趋势，冲击破碎程度呈现先减小再逐渐增大的规律。采用同样的试验装置，平琦等研究了高温状态下，冲击加载速率对岩石动态力学性能的影响，结果表明：动态峰值应力与加载速率呈二次多项式函数关系，具有明显的正相关性。200～800℃温度具有强化作用，200℃时作用最明显；1000℃温度具有软化作用；随着温度增加，岩石破坏类型由脆性转向延脆性。Ahmad Mardoukhi 等采用了室温至 70°C 的温度范围，对花岗岩进行了 0 次、10 次、15 次和 20 次热循环后，利用 SHPB 试验系统开展了动态巴西圆盘劈裂试验，研究了温度循环对花岗岩动力拉伸性能的劣化规律。

综上所述，当前针对千枚岩的研究多是在静力学背景下，通过开展单轴、三轴试验取得的相关研究成果，对于动载冲击作用下千枚岩力学性能的研究较为欠缺。针对干湿循环条件下岩石力学性能的研究多是以砂岩、大理岩、泥岩、页岩为研究对象，而揭示干湿循环作用后千枚岩力学特性变化规律的研究成果不多。针对高温或高温循环条件下岩石力学性能变化规律的研究，学者多以花岗岩、玄武岩、大理岩、砂岩为研究对象，鲜有针对千枚岩的相关研究。当前，在川藏铁路、引汉济渭等工程中遇到的千枚岩地质经常遇到水、温循环作用的劣化侵蚀,加之施工过程中动荷载的冲击作用,使得千枚岩地质段施工过程中的工程问题频发,为此,聚焦工程一线重大需求,开展千枚岩动力学特性的研究极为必要,本书以霍普金森压杆试验为基础,研究了不同因素下千枚岩的动态响应过程。

第一章 霍普金森（SHPB）试验简介

第一节 概 述

霍普金森压杆的雏形是1914年Hopkinson提出来的，当初只能够用来测量冲击荷载下的脉冲波形。1949年Kolsky对该装置进行了改进，将压杆分成两截，试样置于其中，使这一装置可以用于测量材料在冲击荷载下的应力-应变关系。由于这一装置采用了分离式结构，因而被称为分离式霍普金森压杆，简称SHPB(Split Hopkinson Pressure Bar)或Kolsky杆。Kolsky还证实了试样的应力和应变与压杆位移之间的关系。

该技术的理论基础是一维应力波理论，通过测定压杆上的应变来推导试样材料的应力-应变关系。SHPB技术之所以受到人们的重视，主要原因是该测试技术的优点十分突出，主要表现在以下3个方面：

(1)测量方法巧妙，成功地避开了要在试样同一位置上同时测量随时间变化的应力和应变的难题；

(2)SHPB试验所涉及的应变率范围包括了流动应力随应变率变化发生转折的应变率（100～10000s^{-1}）；

(3)入射波形易于控制,改变子弹(撞击杆)的撞击速度及形状,即可调节入射脉冲波形,从而也调节了作用于试样上的波形。

第二节 霍普金森压杆系统的组成

一、动力系统

动力系统主要由动力源、压力室、发射腔、撞击杆(子弹)组成。鉴于氦气具有极高的稳定性,因此,试验动力源选用高压氦气,如图 1-1a)所示,可提供 0~6MPa 的气压。动力系统压力室内释放的气压为子弹加速提供基础能量,以气压控制子弹撞击入射杆的速度。撞击杆材质为高强度弹性钢,本次试验选用直径为 50mm、长度为 400mm 的撞击杆。

二、传递系统

如图 1-1d)所示,霍普金森传递系统主要由入射杆、透射杆、吸收杆、支撑架等部分组成,杆件直径均为 50mm,同时,入射杆长 2000mm,透射杆长 1500mm,吸收杆长 500mm。传递系统所有杆件包括动力系统发射腔及子弹材质均为高强度弹性钢,屈服强度≥1200MPa,钢材弹性模量 $E=210\text{GPa}$,波速 $C_0=5124\text{m/s}$,密度为 7800kg/m^3。杆件端面平整光滑,断面垂直度小于 0.02mm,杆件直线度在 0.06/m,表面粗糙度为 0.4μm。支撑架包括钢底座和中心支架,其中钢底座与地基中的混凝土桩相连接,以保证装置在高速冲击下的绝对稳定性,中心支架可调节钢杆横向和纵向的位置,以确保试验过程中子弹、入射杆、透射杆能够中心紧密对齐,保证试验的稳定性与精度。

三、数据采集系统

如图 1-1 b)、图 1-1 c)所示，数据采集系统由超动态应变仪、应变片和测速仪组成，测速仪通过红外感应测量子弹的出膛速度，根据子弹速度可判断气压是否稳定。应变片的灵敏度系数 Kp＝2.00，电阻为 120Ω，分别以入射杆和透射杆交界面处为基准对称粘贴于两杆的两侧。超动态应变采集仪可将试验过程中应变片采集到的应变信息转化为电信号进行存储记录，作为后续岩石动力学分析的基本依据。

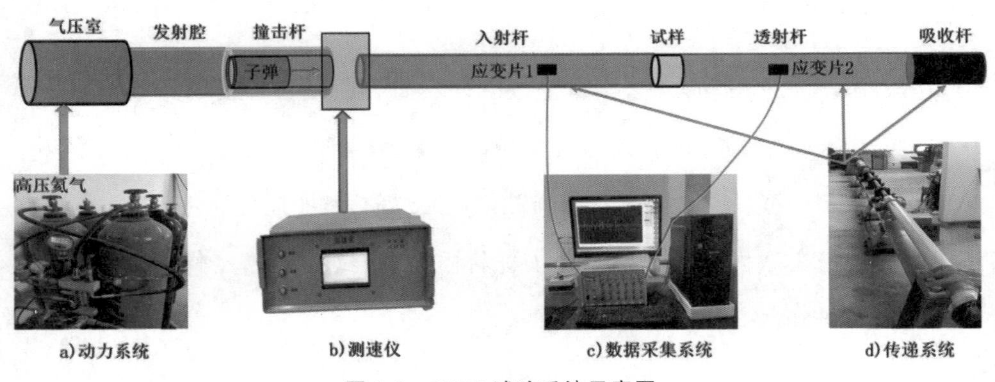

图 1-1 SHPB 试验系统示意图

第三节 霍普金森试验的基本原理

根据应力波理论，霍普金森试验应满足以下两个假定：

(1)一维应力波假定，认为冲击荷载产生的弹性应力波以波速 $C_0=\sqrt{E/\rho}=5124\text{m/s}$ 向前传播，同时，弹性应力波传播过程中仅产生横向传播，不会沿其他方向分散传播，波的能量也不会发生衰减。

(2)应力均匀性假定,认为试样受力是在瞬时间完成,试样内部受力均匀。

霍普金森试验系统利用高压氮气为子弹提供初始冲击速度,子弹撞击入射杆时产生的弹性冲击波向前传播,当冲击波传播到入射杆与试样交界面 A_1 时,由于波阻抗不同,入射波 ε_I 一部分转变为反射波 ε_R ,另一部分成为透射波 ε_T 继续向前传播,如图 1-2 所示。

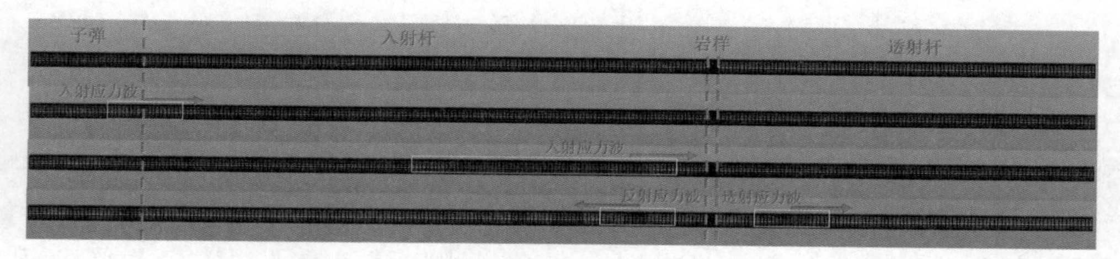

a)应力波传播示意图

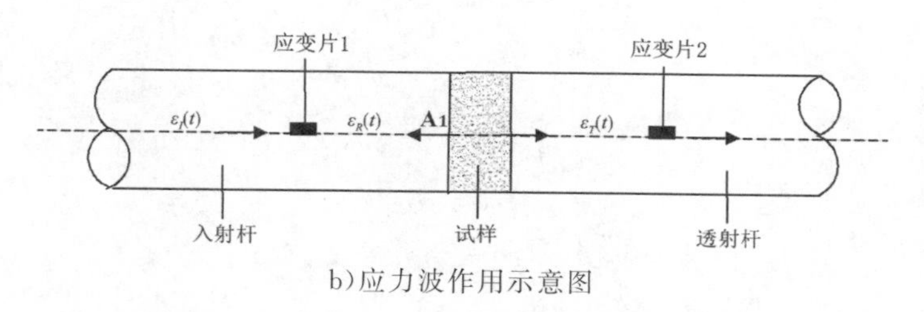

b)应力波作用示意图

图 1-2 SHPB 试验应力波传播作用示意图

霍普金森试验原理介绍需要用到如下参数:

$\varepsilon(t)$ 为杆件应变;ε_I 为入射应变;ε_R 为反射应变;ε_T 为透射应变;u 为杆件位移,m;u_1 为入射杆整体位移;u_2 为透射杆整体位移;C_0 为波在杆件中的传播速度,5124m/s;l_s 为试样初始长度,m;D 为试样直径,m;A 为杆件横截面积,m^2;A_S 为试样横截面积,m^2;E 为钢杆弹性模量,GPa;σ_1 为入射杆与试样交界面处应力;$\sigma_I(t)$ 为入射应力;$\sigma_R(t)$ 为反射应力;σ_2 为透射杆与试样交界面处应力;$\sigma_T(t)$ 为透射应力;v_1 为入射杆中的应力波波速;$v_I(t)$ 为入射应力波波速;$v_R(t)$ 为反射应力波波速;v_2 为透射杆中应力波波速;$v_T(t)$ 为透射应力波波速;$\dot{\varepsilon}$ 为试样的平均应变率;ε 为试样的平均应变;σ_s 、σ_t 为试样的平均应力。

根据一维应力波假定，设杆件应变为 $\varepsilon(t)$ ，对其进行积分可得出杆件位移：

$$u = C_0\int_0^t \varepsilon(t)dt \tag{1-1}$$

则入射杆的整体位移为

$$u_1 = C_0\int_0^t \varepsilon_I(t)dt + \left[-C_0\int_0^t \varepsilon_R(t)dt\right] = C_0\int_0^t [\varepsilon_I(t) - \varepsilon_R(t)]d \tag{1-2}$$

同理，透射杆的整体位移为

$$u_2 = C_0\int_0^t \varepsilon_T(t)dt \tag{1-3}$$

由式(1-4)和式(1-5)可推出冲击加载过程中试样的平均应变及平均应变率：

$$\varepsilon = \frac{u_1 - u_2}{l_s} = \frac{C_0}{l_s}\int_0^t [\varepsilon_I(t) - \varepsilon_R(t) - \varepsilon_T(t)]dt \tag{1-4}$$

$$\dot{\varepsilon} = \frac{C_0}{l_s}[\varepsilon_I(t) - \varepsilon_R(t) - \varepsilon_T(t)] \tag{1-5}$$

由弹性理论可得：

$$\begin{cases} \sigma_1 = \sigma_1(t) = \sigma_I(t) + \sigma_R(t) = E[\varepsilon_I(t) + \varepsilon_R(t)] \\ \sigma_2 = \sigma_2(t) = \sigma_T(t) = E\varepsilon_T(t) \\ v_1 = v_1(t) = v_I(t) + v_R(t) = C_0[\varepsilon_I(t) - \varepsilon_R(t)] \\ v_2 = v_2(t) = v_T(t) = C_0\varepsilon_T(t) \end{cases} \tag{1-6}$$

则动态压缩试样的平均应力为

$$\sigma_s = \frac{A}{2A_s}[\sigma_1(t) + \sigma_2(t)] = \frac{A}{2A_s}E[\varepsilon_I(t) + \varepsilon_R(t) + \varepsilon_T(t)] \tag{1-7}$$

动态巴西圆盘劈裂试样的平均应力为

$$\sigma_t = \frac{A}{\pi Dl_s}[\sigma_1(t) + \sigma_2(t)] = \frac{A}{\pi Dl_s}E[\varepsilon_I(t) + \varepsilon_R(t) + \varepsilon_T(t)] \tag{1-8}$$

综上可得，使用三波法可计算出动态压缩试样的平均应变率、平均应变及平均应力：

$$\begin{cases} \dot{\varepsilon} = \dfrac{C_0}{l_s}\left[\varepsilon_I(t) - \varepsilon_R(t) - \varepsilon_T(t)\right] \\ \varepsilon = \dfrac{C_0}{l_s}\displaystyle\int_0^t \left[\varepsilon_I(t) - \varepsilon_R(t) - \varepsilon_T(t)\right] dt \\ \sigma_s = \dfrac{A}{2A_s} E\left[\varepsilon_I(t) + \varepsilon_R(t) + \varepsilon_T(t)\right] \end{cases} \tag{1-9}$$

根据 SHPB 中应力均匀性假定有：

$$\varepsilon_I(t) + \varepsilon_R(t) = \varepsilon_T(t) \tag{1-10}$$

最终可得到 SHPB 试验的二波法计算公式：

$$\begin{cases} \dot{\varepsilon} = -2\dfrac{C_0}{l_s}\varepsilon_R(t) \\ \varepsilon = -2\dfrac{C_0}{l_s}\displaystyle\int_0^t \varepsilon_R(t)\, dt \\ \sigma_s = \dfrac{A}{A_s} E\varepsilon_T(t) \end{cases} \tag{1-11}$$

动态巴西圆盘劈裂试样的平均应力为

$$\sigma_t = \frac{2A}{\pi D l_s} E\varepsilon_T(t) \tag{1-12}$$

根据能量守恒定律，假定入射杆、透射杆是完全刚性的，在传播过程中没有发生任何能量损失，由此可得到冲击过程中各部分能量的关系：

$$\begin{cases} E_I = \displaystyle\int \varepsilon_I \sigma_I A dl = AEC_0 \int \varepsilon_I^2 dt \\ E_R = \displaystyle\int \varepsilon_R \sigma_R A dl = AEC_0 \int \varepsilon_R^2 dt \\ E_T = \displaystyle\int \varepsilon_T \sigma_T A dl = AEC_0 \int \varepsilon_T^2 dt \\ E_D = E_I - E_R - E_T \end{cases} \tag{1-13}$$

式中：E_D、E_I、E_R、E_T 分别为耗散能、入射能、反射能、透射能能量。

第四节　霍普金森试验步骤

霍普金森压杆动力学试验对设备的稳定性和试验的精度要求很高，所以为最大限度地减少试验误差，试验必须严格按照霍普金森试验操作规程开展试验，从而保证试验结果的可靠性，同时，需对每一次冲击操作流程做好记录，以便后期进行数据处理。

霍普金森试验具体步骤如下。

（1）设备调试与检修

霍普金森试验中，子弹的发射速度是保证试验成功的关键节点，子弹的动力来源于高压氮气，气压室的稳定性和密闭性是控制子弹发射速度的关键，因此，试验前应该首先检查、调试高压气体设备的密闭性。

（2）调平

霍普金森试验需准确调平冲击杆，以保证应力的一维性传播。调平入射杆、透射杆和吸收杆可分粗调和微调两步，粗调是让杆件两两接触，用手感知断面对齐水平，微调采用水平气泡尺调平。调平完成后，需检查托槽与底座支撑架连接螺栓的连接稳定性，确保仪器安全。

（3）贴应变片

应变片粘贴部位分别处于入射杆和透射杆的中心位置处，在两杆中点位置处选定同一截面相隔 180°对称的两点进行打磨，除去钢杆表面氧化薄膜，在保证应变片长度方向与钢杆方向保持一致的前提下粘贴应变片。随后用锡焊将应变片与采集仪数据线进行连接，开机检查读数，进行平衡操作，当采集信号波动小于 0.005V 时，表明应变片粘贴、连接成功，可以开展后续试验。

(4)试冲

正式试验前,为保证应力波的均匀性,需通过试冲对霍普金森试验系统进行全系统测试。试冲开始前,在入射杆端部粘贴直径为15mm、厚度为1mm的圆形紫铜片,而后以0.1MPa较小气压发射子弹,核查仪器采集的波形状态是否符合要求。

(5)装样

首先将入射杆推至距离子弹发射腔出口20cm处,随后用钢丝杆将子弹推至发射腔固定位置处,统一子弹加速距离,同时,打开激光测速仪,准备采集子弹出膛速度信息。入射杆及子弹调整完成,然后将涂有凡士林的岩样夹持在入射杆和透射杆之间(如图1-3所示)。同时,将岩样套入两端可收缩"套袖","套袖"两端收口于入射杆和透射杆端口,其目的是用来收集冲击后岩样碎块,一方面减少岩样破碎飞溅的危险,另一方面为利用碎块展开进一步分析做准备。

图1-3 试样安装图

(6)冲击

试样安装完成后,打开数据采集系统,使采集状态显示为"等待采集"。同时,打开高压氮气瓶阀门,使压力室进气,根据压力表读数判断压力达到试验要求后,关闭压力阀,下达冲击命令,发射子弹,记为一次冲击试验。

(7)收集

冲击完成后,及时判定冲击的原始波形图和波形参数是否有效并做好存档，将千枚岩碎块收集到透明塑料袋里，并做好相应标识，同时，要打开压力阀，排出压力室内剩余氦气，使气压表重新归零，把试验装置进行复位，准备再次试验。试验全部完成后，按试验规程关闭、整理试验仪器。

第五节 霍普金森试验数据分析

霍普金森动力学试验中，其动态数据采集系统采集的原始数据为电压信号，经乘以霍普金森试验系统自身的转换系数获得岩石入射波、反射波、透射波的应变传递波形，如图 1-4 a)所示。观察图 1-4 a)可知，动态数据采集系统采集的首波最为准确，随后经过多次反射、透射后的应力波，其波形离散严重，已经完全失去数据价值。选取入射、反射、透射应力波首波，如图 1-4 b)所示。图 1-4 b)中，入射波非“钟形波”，而是在入射波峰值处具有平稳波动段，这是本次霍普金森动力学试验系统采用了“圆柱形”子弹获取的波形特点。

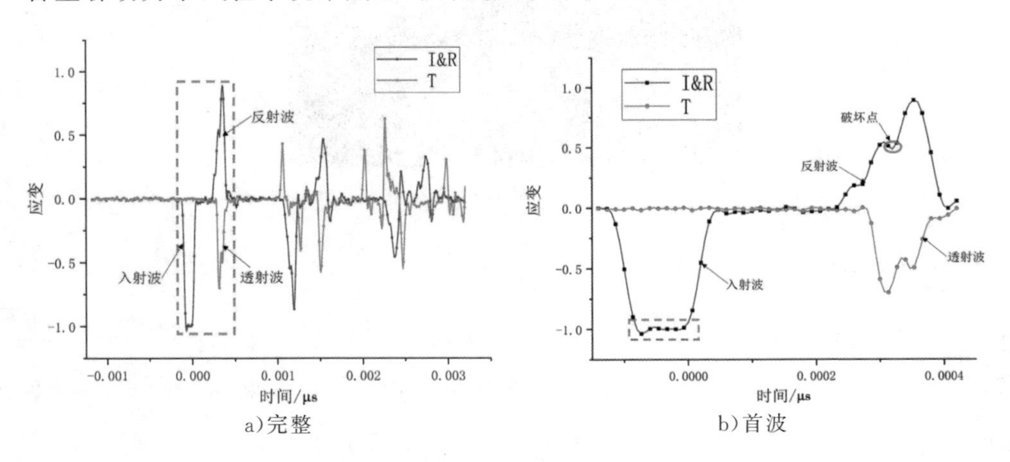

a)完整　　b)首波

图 1-4 霍普金森试验动态应力波

如图 1-5 所示，入射应变、反射应变的叠加波形与透射应变波峰值处基本重合，验证了试样前后界面的应力能够达到基本平衡，表明试验数据准确有效，能够做出进一步研究。

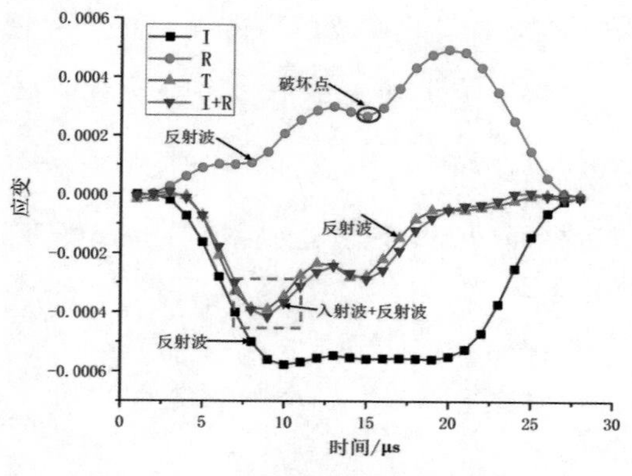

图 1-5 霍普金森试验动态应力波

第六节 小 结

本章首先对霍普金森试验系统做了总体阐述，而后介绍了霍普金森试验的理论基础，即一维应力波假定和应力均匀性假定，基于此，推导了岩石动态应力、应变、应变率参数的计算公式，最后介绍了霍普金森试验步骤及试验数据的处理方法，得出的主要结论如下：

(1)霍普金森试验设备主要包括动力系统、传递系统和动态数据采集系统3个部分。动力系统能够进行0～6MPa的加载气压。试验设备的传递系统均为高强度弹性钢。霍普金森数据采集系统可将应变片采集到的应变数据转化为电信号存储记录，作为开展岩石动力学分析的基本依据。

(2) 霍普金森试验以一维应力波理论为基础，介绍了应力波的传播原理，推导了岩石动态应力、应变、应变率参数的计算公式。同时，在假定能量传递不发生损耗的前提下，基于能量守恒原理，推导出入射能、透射能、反射能、耗散能的计算公式。

(3)动态数据采集系统采集的首波最为准确，经过多次反射、透射后的应力波，波形离散严重，已经完全失去数据价值。通过对首波的入射波、反射波、透射波进行处理，得到入射应变和反射应变的叠加波形与透射应变波峰值处基本重合，验证了试样前后界面的应力能够达到基本平衡，表明试验数据准确有效。本次试验采用了“圆柱形”子弹，其入射波非“钟形波”，而是在入射波峰值处具有平稳波动段。

第二章　千枚岩动态力学性能各向异性研究

第一节　概　　述

层状岩石是一种典型的非均质结构岩石，层状结构主要由原生成因形成，沉积岩的层面、变质岩的片理面等都是典型的组成层状结构的不连续面，且在空间上具有较大的延续性。若不考虑其他不连续面(如节理、风化面等)的影响，层状岩石在力学上呈横观各向同性。

千枚岩在发育过程中会发育出大量的层面，千枚岩被这些层面“切割”成结构复杂的非连续体。层面在层状千枚岩边坡的变形破坏中扮演着不同的角色，在实际岩石力学研究中应加以区分。尽管目前关于层状岩石和层状边坡的研究成果颇丰，但仍然存在诸多尚需解决的问题，包括层面作用下岩石的破裂特性和力学性质、考虑各向异性的层状岩石强度准则、层状边坡破坏模式和裂隙演化过程、层状边坡局部破坏概率等。

室内试验是研究层状岩石力学性质的最直接和最有效的手段，通过试验观测，可以揭示层状岩石的力学参数、变形特征、破裂过程和破坏机制，为工程实践提供了有效依据。根据试验数据，可以进一步建立层状岩石的本构和强度准则，用于岩体稳定性的评价和岩石工程的设计。

本章通过霍普金森杆试验系统对层状面方位角 β 为 0°、15°、30°、45°、60°、75°、90°的 7 个工况下的千枚岩压缩试样，层状面方位角 α 为 0°、15°、30°、45°、60°、75°、90°的 7 个工况下的千枚岩劈裂试样进行不同子弹冲击速度下的单轴压缩试验以及巴西圆盘劈裂试验，探究不同层理面方位角在不同的子弹冲击速度下对千枚岩动态压缩性能、动态拉伸性能的影响。

第二节 试验方案

一、试验制备

根据所采岩样，按层状面方位角 β 为 0°、15°、30°、45°、60°、75°、90°的 7 个工况，进行钻心、切割、打磨，将岩样制作成尺寸为 φ =50mm、L=50mm 的压缩试样，如图 2-1 a) 、图 2-1 b)所示；层状面方位角 β =90°，尺寸为 φ =50mm、L=25mm 的巴西圆盘劈裂试样，如图 2-1 c)所示。

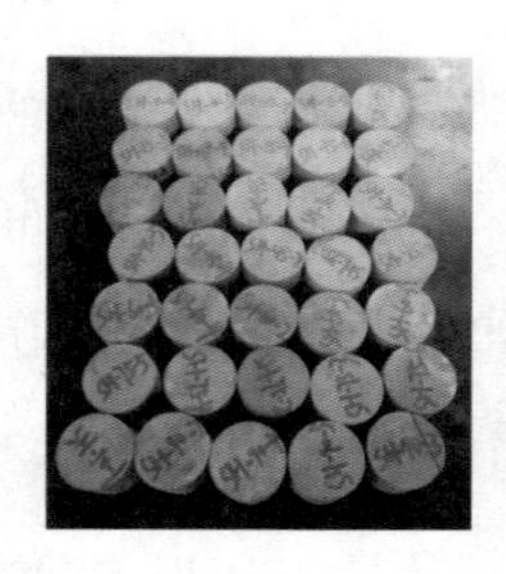

a)霍普金森杆压缩试样俯视图

b)霍普金森杆压缩试样主视图

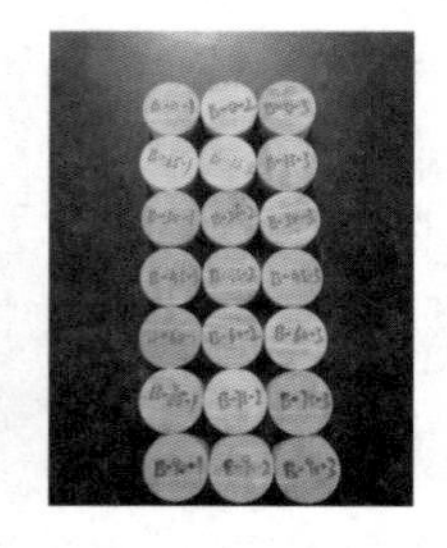

c)巴西圆盘劈裂试验试样

图 2-1 霍普金森杆压缩试验试样

二、试验方案

层理千枚岩动态压缩试验子弹冲击速度设置为 V_1 = 16.61m/s、V_2 = 18.88m/s、V_3 = 21.438m/s、V_4 = 25.38m/s 4 个工况进行试验，按照图 2-2 进

行装样试验。

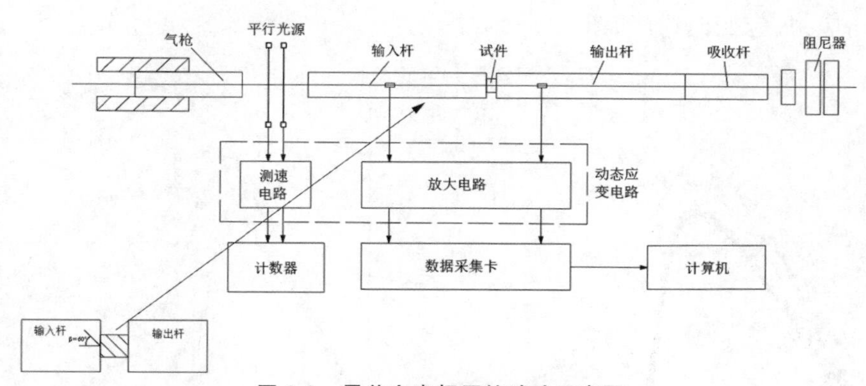

图 2-2　霍普金森杆压缩试验示意图

选取子弹冲击速度为 16.61m/s、21.438m/s 两种速度工况，层理面方位角 α 为 0°、15°、30°、45°、60°、75°、90° 7 个工况，如图 2-3 所示进行装样试验。

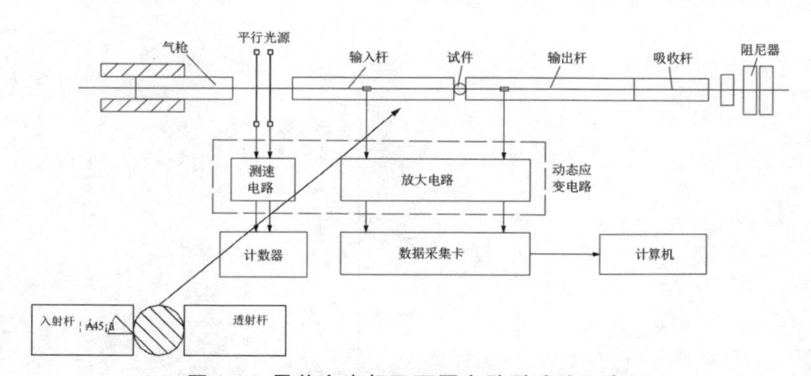

图 2-3　霍普金森杆巴西圆盘劈裂试验示意图

第三节　千枚岩动态压缩特性研究

一、千枚岩动态压缩应力-应变曲线分析

为研究不同子弹冲击速度下千枚岩应力-应变曲线形态，选取子弹冲击速

度为 16.61m/s、18.88m/s、21.438m/s、25.38m/s 4 种冲击速度进行冲击试验，并做出应力-应变曲线（如图 2-4 所示）。

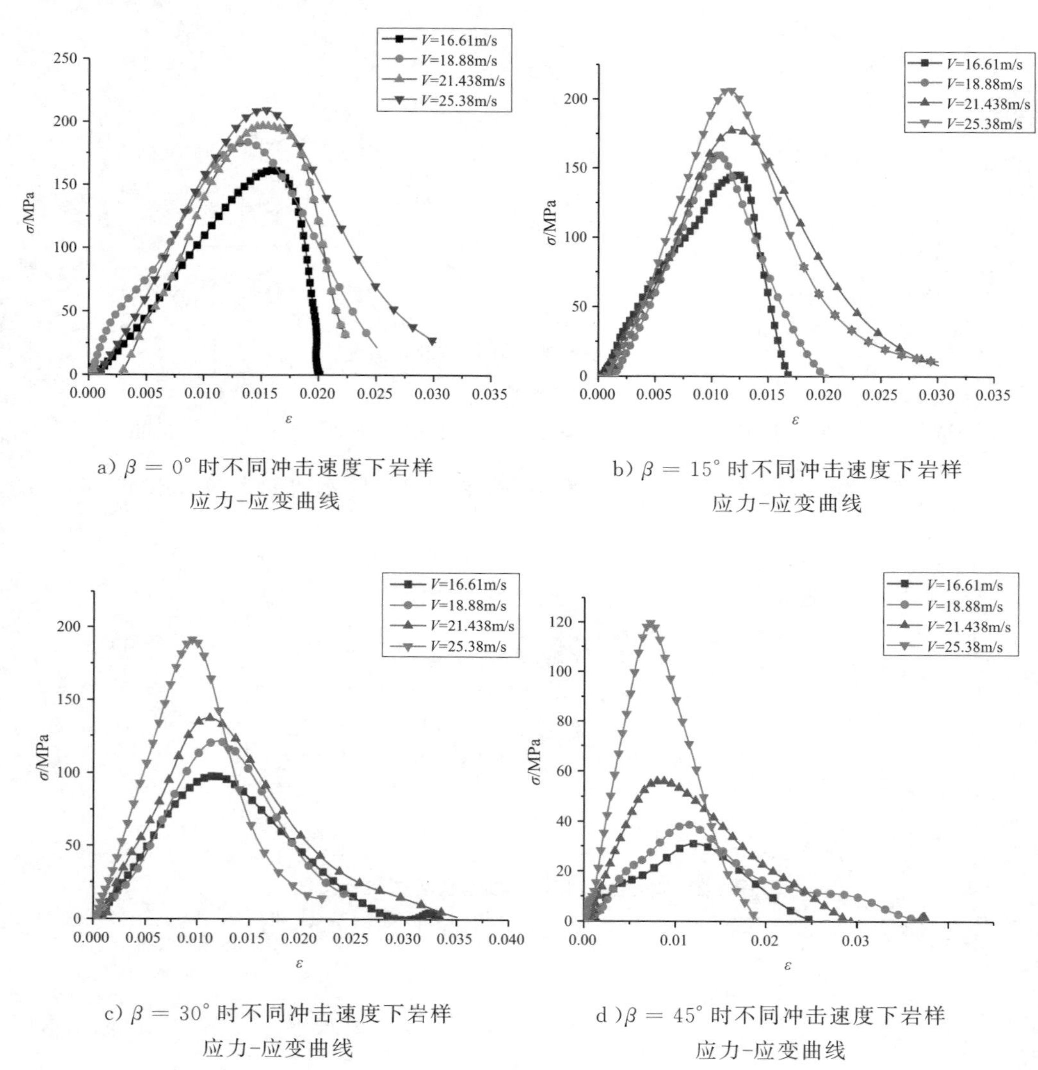

a) $\beta = 0°$ 时不同冲击速度下岩样应力-应变曲线

b) $\beta = 15°$ 时不同冲击速度下岩样应力-应变曲线

c) $\beta = 30°$ 时不同冲击速度下岩样应力-应变曲线

d) $\beta = 45°$ 时不同冲击速度下岩样应力-应变曲线

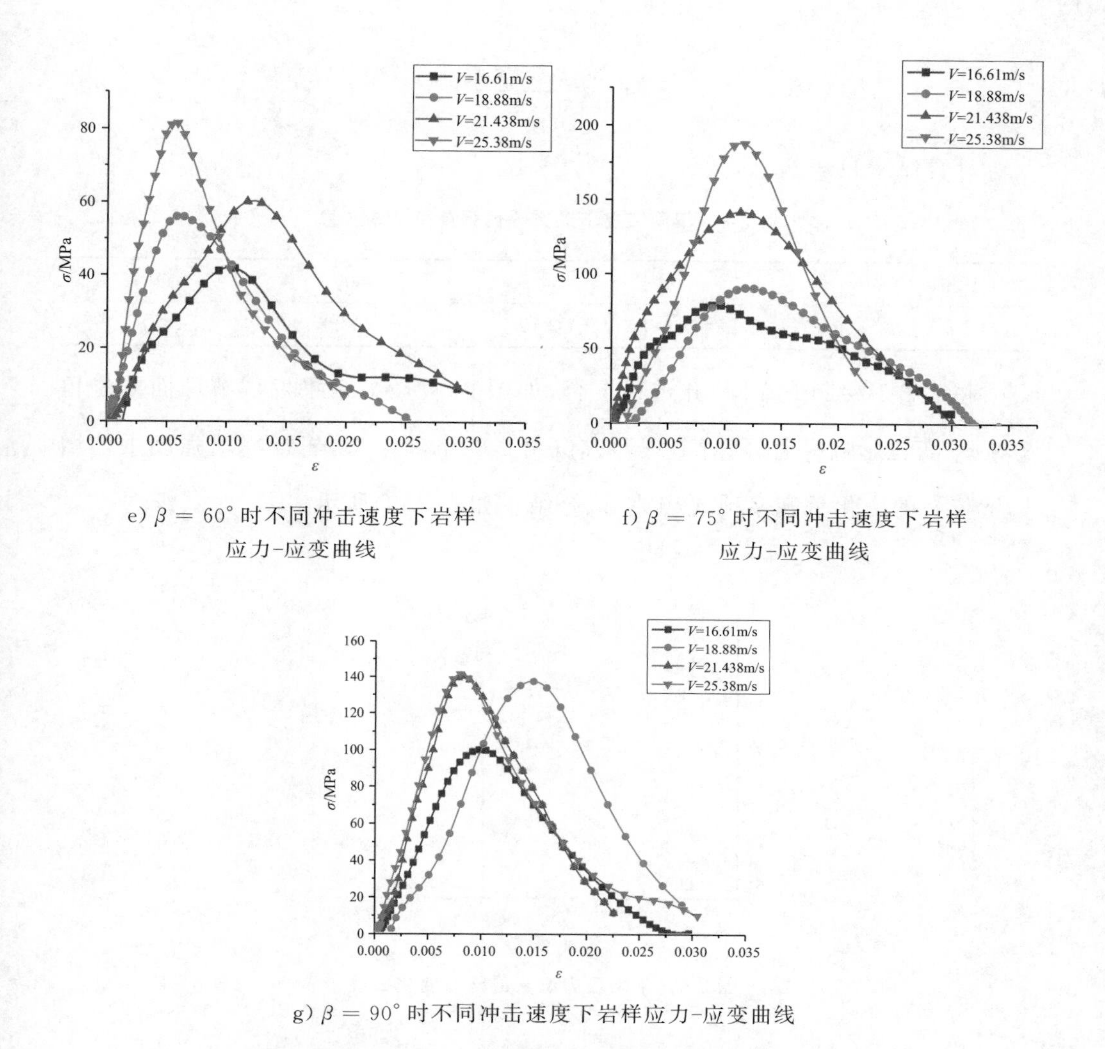

e) $\beta=60^\circ$ 时不同冲击速度下岩样应力-应变曲线

f) $\beta=75^\circ$ 时不同冲击速度下岩样应力-应变曲线

g) $\beta=90^\circ$ 时不同冲击速度下岩样应力-应变曲线

图 2-4 岩样在不同工况条件下动态单轴应力-应变曲线图

如图 2-4 所示为节理面方位角 β 为 0°、15°、30°、45°、60°、75°、90°时在不同冲击速度下应力-应变曲线。从图中可以看出无论何种工况，岩样的动态峰值强度与子弹冲击速度呈正相关关系。（$\beta=90^\circ$时不是）

为进一步探究不同方位角 β 工况下子弹冲击速度与峰值强度的相关程度，故计算节理面方位角 β 为 0°、30°、60°、90°工况下动态峰值强度在经过 3 次速度增长后的平均增长量 $\overline{\sigma_\Delta}$ 。

$$\overline{\sigma_{\Delta}}=\frac{\sigma_{V23.58}-\sigma_{V16.61}}{3} \tag{2-1}$$

计算结果见表 2-1。

表 2-1 不同工况下动态峰值强度平均增长量

工况（β）	0°	30°	60°	90°
$\overline{\sigma_{\Delta}}$	15.68	31.12	29.20	13.78

将表 2-1 绘制成点图，并进行拟合，如图 2-5 所示，结果发现节理面方位角 β 对 $\overline{\sigma_{\Delta}}$ 变化影响显著，随着节理面方位角 β 的不断增大，岩样峰值强度平均增长量与 β 的变化呈现多项式相关，拟合结果如式(2-2)所示。

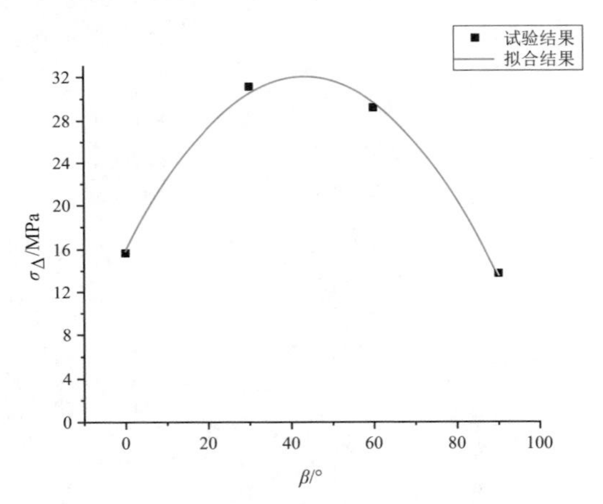

图 2-5 平均应力增长量随 β 变化曲线

$$\overline{\sigma_{\Delta}}=-0.0802x^{2}+0.716x+15.937 \tag{2-2}$$

峰值 β 为 30°时的岩样峰值平均强度增长量较 β 为 0°、60°、90°时分别提高了 98.47%、6.58%、97.21%，故可以认为，当 $\beta=30°$左右时岩样动态单轴抗压强度对子弹冲击速度更为敏感，如图 2-6 所示。

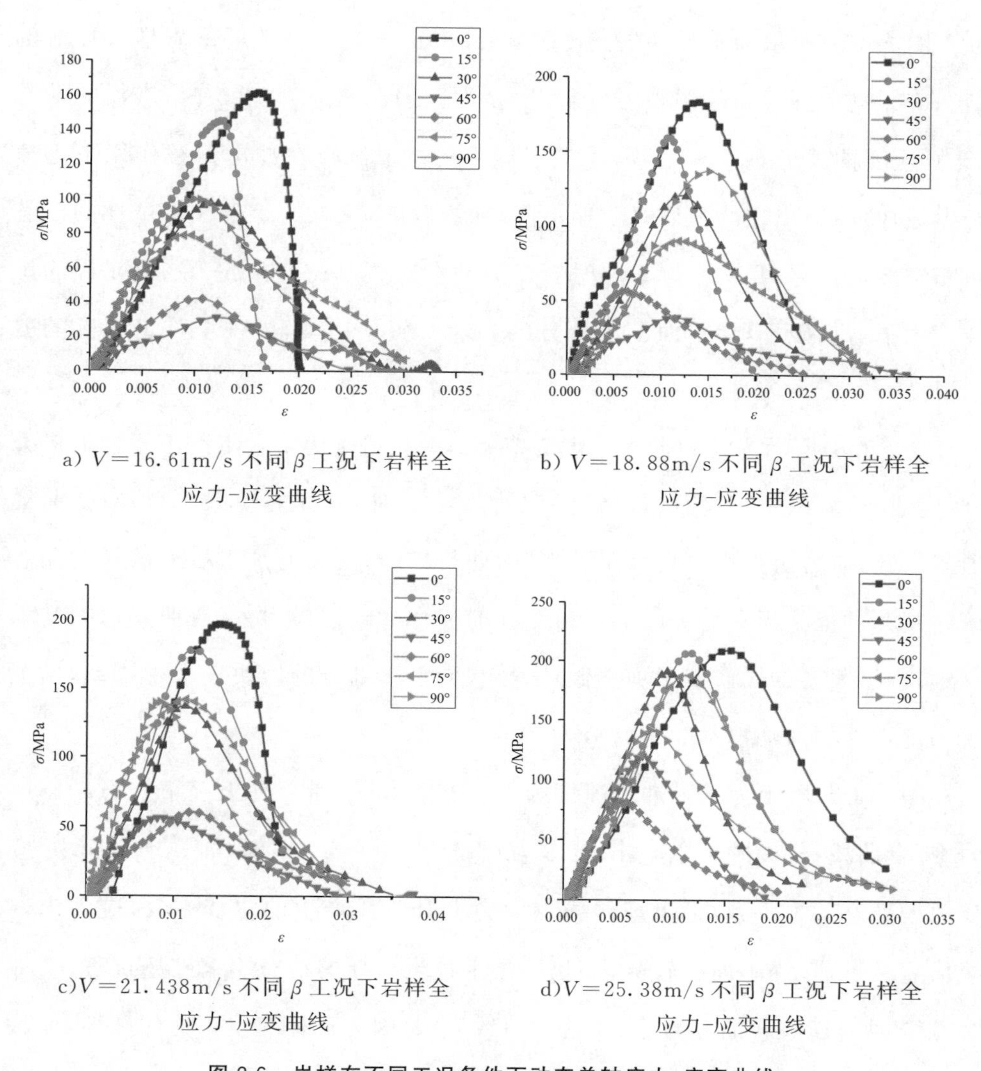

a) V=16.61m/s 不同 β 工况下岩样全应力-应变曲线

b) V=18.88m/s 不同 β 工况下岩样全应力-应变曲线

c) V=21.438m/s 不同 β 工况下岩样全应力-应变曲线

d) V=25.38m/s 不同 β 工况下岩样全应力-应变曲线

图 2-6　岩样在不同工况条件下动态单轴应力-应变曲线

图 2-6 a)所示为子弹冲击速度 V=16.61m/s 时 7 种工况条件下岩样破坏时的动态应力-应变曲线,图中,当 β 为 0°、15°、90°时,岩样的动态应力-应变曲线形态一致,试样在冲击荷载作用下迅速产生破坏,应力出现峰值后又迅速下降,曲线较陡,反映的是千枚岩试样的动态压缩破坏过程。当 β 为 30°、45°、60°、75°时岩样的动态应力-应变曲线形态基本一致,这是因为试样产生了剪切破坏,层状面上下部分的岩块发生了错动,出现了一定程度的剪切滑动。

图 2-6 b)所示为子弹冲击速度 $V=18.88$m/s 时 7 种工况下岩样破坏时的动态应力-应变曲线，从图中可以看出，β 为 0°、15°、30°、45°、90°时，岩样的动态应力-应变曲线形态基本一致，类似于图 2-6 a)中试样在冲击荷载作用下迅速产生破坏，应力出现峰值后又迅速下降，曲线较陡，反映的是千枚岩试样的动态压缩破坏过程。当 β 为 60°、75°时岩样的动态应力-应变曲线一致，这是因为试样产生了剪切破坏，层状面上下部分的岩块发生了错动，出现了一定程度的剪切滑动。

图 2-6 c)所示为子弹冲击速度为 $V=21.438$m/s 时 7 种工况下岩样的应力-应变曲线，从图中可以看出，当 β 为 0°、15°、90°时，岩样的动态应力-应变曲线形态一致，应力出现峰值后又迅速下降，曲线较陡，反映的是千枚岩试样的动态压缩破坏过程。当 β 为 30°、45°、60°、75°时岩样的动态应力-应变曲线形态基本一致，这是因为试样产生了剪切破坏，层状面上下部分的岩块发生了错动，出现了一定程度的剪切滑动。

图 2-6 d)所示为子弹冲击速度为 $V=25.38$m/s 时 7 种工况下岩石动态应力-应变曲线，从图中可以看出，当 β 为 0°、15°、30°、45°、90°时，岩样动态应力-应变曲线形态基本一致，都出现岩样在应力上升阶段产生的应变一致，应力出现峰值后又迅速下降，曲线较陡，反映的是千枚岩试样的动态压缩破坏过程。β 为 60°、75°时岩样破坏的应力-应变基本一致，这是因为试样产生了剪切破坏，层状面上下部分的岩块发生了错动，出现了一定程度的剪切滑动。

由图 2-6 可以总结出千枚岩动态应力-应变曲线的形态与层状面方位角 β 及子弹冲击速度有着密切的关系，当 β 为 0°、15°、90°时，岩样动态应力-应变曲线基本不随速度的改变而改变，说明上述几种工况下岩样的破坏模式不会随着冲击速度的改变而改变，都反映岩样的压缩破坏。β 为 30°、45°、60°、75°时岩样的动态应力-应变曲线形态，随冲击速度的不同而发生巨大改变，说明上述几种工况条件下冲击速度对岩样的破坏模式影响巨大。

二、千枚岩动态峰值抗压强度变化规律分析

岩体的各向异性程度通常由各向异性率(η)来表示,如式(2-3)所示。1993年,印度学者T. Ramamurthy对取自喜马拉雅库区Chamers水电站旁的千枚岩按照节理面方位角β为0°、15°、30°、45°、60°、75°、90°进行采样,并对采集到的试样进行单轴压缩试验,在大量试验的基础之上提出各向异性度(AD)的概念,如式(2-4)所示,经过诸多学者的研究,发现各向异性度也是衡量岩体各向异性程度的一个重要指标。

$$\eta = \frac{\sigma_{\max}}{\sigma_{\min}} \tag{2-3}$$

$$AD = \frac{2}{\pi}\sum_{\theta=0}^{2/\pi}\frac{\left|E_{\theta}-\overline{E_{\theta}}\right|}{\overline{E_{\theta}}}\Delta\theta \tag{2-4}$$

AD为岩石的各向异性度,E_{θ}为不同方位角所对应岩样的弹性模量,$\overline{E_{\theta}}$为岩样的平均弹性模量,$\Delta\theta$为岩样的方位角变化值。

为研究冲击速度对层状千枚岩动态力学、变形特性、各向异性的影响,将试验结果整理成表2-2,并根据表中数据做出图2-7和图2-8。

表2-2 千枚岩动态压缩试验结果

子弹冲击速度(m/s)	层状面方位角(β)	动态单轴抗压强度(MPa)	峰值应变	动态弹性模量(GPa)	各向异性率(η)	各向异性度(AD)
16.61	0°	161.20	0.01587	10.15	4.7	21.8
	15°	144.91	0.01284	11.29		
	30°	97.50	0.01165	8.37		
	45°	30.56	0.01198	2.55		
	60°	41.90	0.01008	4.16		
	75°	78.82	0.01229	6.41		
	90°	99.86	0.01387	7.199		

续表

子弹冲击速度(m/s)	层状面方位角 (β)	动态单轴抗压强度(MPa)	峰值应变	动态弹性模量(GPa)	各向异性率(η)	各向异性度(AD)
18.88	0°	183.29	0.01367	13.41	4.7	18.7
	15°	159.09	0.01061	14.99		
	30°	120.76	0.01098	10.99		
	45°	38.48	0.01154	3.34		
	60°	55.92	0.00996	5.614		
	75°	90.07	0.01202	7.493		
	90°	137.01	0.01464	9.358		
21.438	0°	196.56	0.01199	16.39	3.5	19.42
	15°	177.77	0.01115	15.45		
	30°	136.91	0.01098	12.67		
	45°	55.90	0.0083	6.73		
	60°	60.11	0.00934	6.43		
	75°	141.25	0.01127	12.53		
	90°	139.97	0.00817	17.13		
25.38	0°	208.89	0.01023	20.42	2.5	15.08
	15°	206.41	0.01136	18.17		
	30°	190.85	0.01047	18.23		
	45°	119.55	0.00732	16.33		
	60°	81.52	0.00556	14.66		
	75°	187.71	0.01124	16.70		
	90°	141.19	0.00795	17.59		

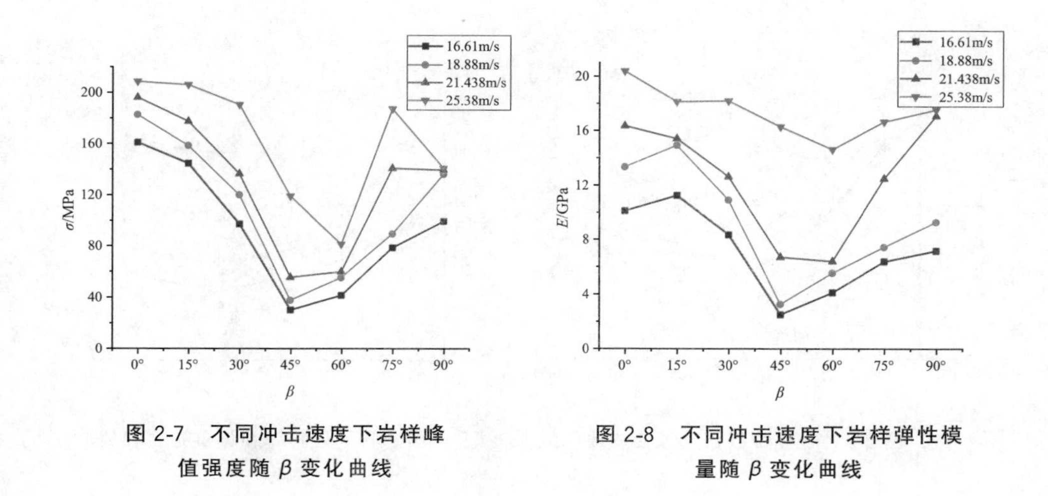

图 2-7 不同冲击速度下岩样峰值强度随 β 变化曲线

图 2-8 不同冲击速度下岩样弹性模量随 β 变化曲线

如图 2-7 所示，随着方位角 β 的增大，千枚岩动态单轴抗压强度呈现出先减后增的规律，不同子弹冲击速度下千枚岩动态单轴抗压强度的最小值都出现在 β 为 45°～ 60°时。随着冲击速度的增大，岩样动态单轴抗压强度不断提高。

如图 2-8 所示，随着方位角 β 的增大，千枚岩动态弹性模量出现类似于动态单轴抗压强度的先减后增的规律，不同子弹冲击速度下千枚岩动态弹性模量的最小值都出现在 β 为 45°～60°时。随着冲击速度的增大，岩样的动态弹性模量也不断增大。

为进一步研究动态单轴抗压强度、动态弹性模量与子弹冲击速度、节理面方位角 β 的关系，选取 β 为 0°、30°、60°、90°4 个工况做出散点图并进行拟合(如图 2-9 和图 2-10 所示)，拟合结果如式(2-5)所示。

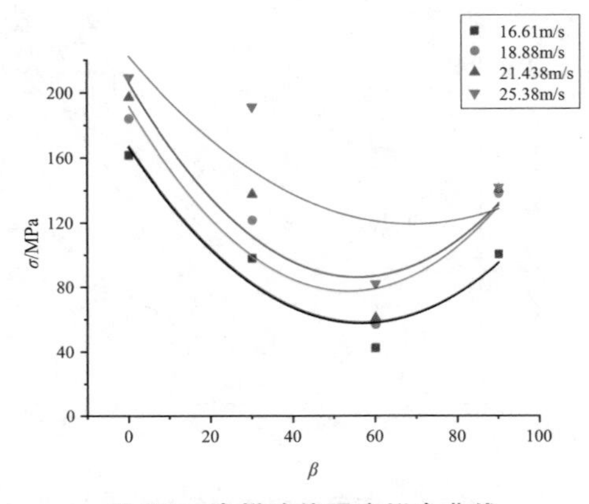

图 2-9 岩样峰值强度拟合曲线

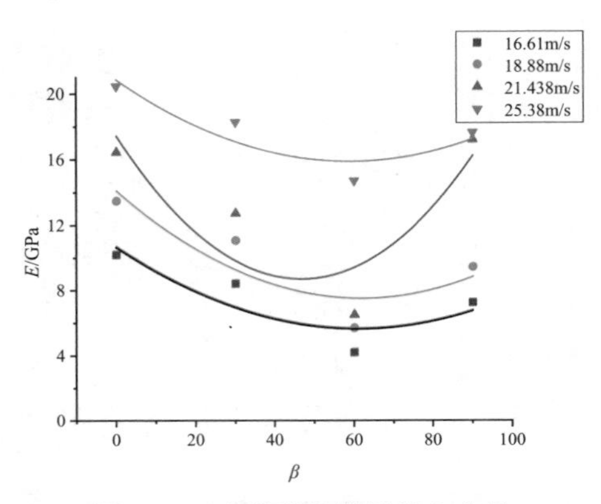

图 2-10 岩样弹性模量拟合曲线

$$\begin{cases} \sigma_{16.61\mathrm{m/s}} = 166.437 - 3.84\beta + 0.0337\beta^2 & R^2 = 0.92198 \\ \sigma_{18.88\mathrm{m/s}} = 191.93 - 3.40\beta + 0.03\beta^2 & R^2 = 0.9342 \\ \sigma_{21.438\mathrm{m/s}} = 205.20 - 4.309\beta + 0.038\beta^2 & R^2 = 0.833 \\ \sigma_{25.38\mathrm{m/s}} = 221.90 - 2.984\beta + 0.0215\beta^2 & R^2 = 0.8008 \\ E_{16.61\mathrm{m/s}} = 10.78 - 0.207\beta + 0.00215\beta^2 & R^2 = 0.705 \\ E_{18.88\mathrm{m/s}} = 13.3881 - 0.093\beta + 5.4E^{-4}\beta^2 & R^2 = 0.9852 \\ E_{21.438\mathrm{m/s}} = 13.481 - 0.103\beta + 0.00131\beta^2 & R^2 = 0.852 \\ E_{25.38\mathrm{m/s}} = 20.814 - 0.16.82\beta + 0.00142\beta^2 & R^2 = 0.8162 \end{cases} \tag{2-5}$$

由图 2-9、图 2-10 以及式(2-5)可知，岩样的动态单轴抗压强度、动态弹性模量随层理面方位角 β 呈现二次曲线变化规律，随着子弹冲击速度的增加，岩样的动态单轴抗压强度、动态弹性模量都呈现出升高的趋势，且当子弹冲击速度 $V=25.38\mathrm{m/s}$ 时，较其子弹冲击速度为 $V=16.61\mathrm{m/s}$、$V=18.88\mathrm{m/s}$、$V=21.438\mathrm{m/s}$ 的工况下平均动态峰值强度、平均动态弹性模量分别高 104.72%、67.09%、35.03%，196.75%、128.6%、56.09%。

为研究动态单轴抗压强度、动态弹性模量随速度变化的规律，做出不同工况下岩样动态单轴抗压强度、动态弹性模量随冲击速度变化的散点图，并对试验结果进行拟合，如图 2-11、图 2-12 所示。

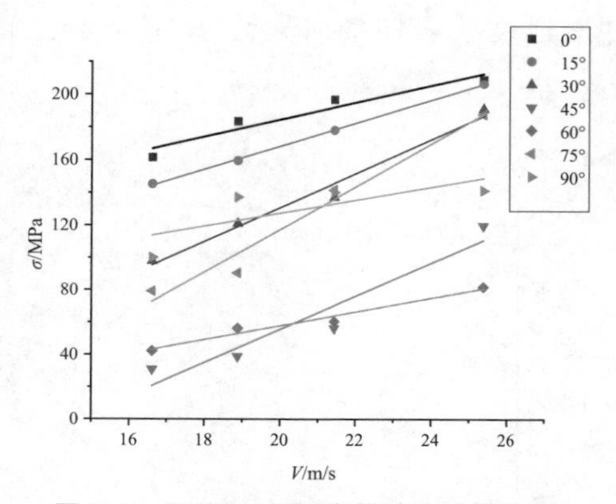

图 2-11 不同工况下岩样动态单轴抗压强度随速度变化图

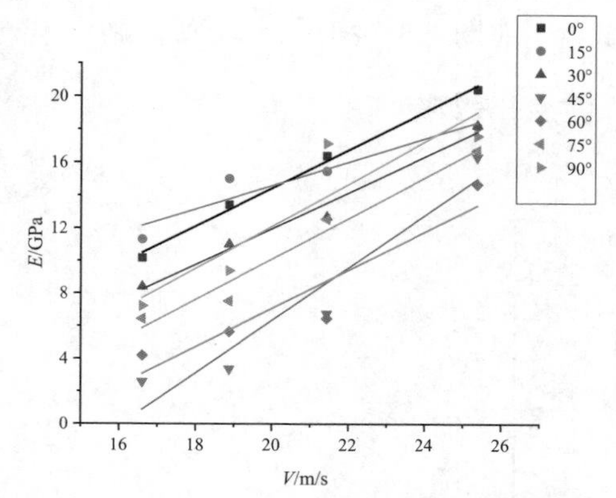

图 2-12 不同工况下岩样动态弹性模量随速度变化图

通过图 2-11、图 2-12 可以得知，无论层理面方位角作何变化，岩样的动态单轴抗压强度、动态弹性模量均随着冲击速度的增加呈现线性上升趋势，其拟合结果如式(2-6)所示。

$$\begin{cases}\sigma_{0^\circ}=5.80V+79.8 & R^2=0.8727\\ \sigma_{15^\circ}=7.06V+26.73 & R^2=0.993\\ \sigma_{30^\circ}=10.47V-78.26 & R^2=0.9786\\ \sigma_{45^\circ}=10.56V-150.24 & R^2=0.9158\\ \sigma_{60^\circ}=7.29V-28.50 & R^2=0.969\\ \sigma_{75^\circ}=5.14V-146.01 & R^2=0.972\\ \sigma_{90^\circ}=4.01V-47.05 & R^2=0.852\\ E_{0^\circ}=1.15V-8.75 & R^2=0.993\\ E_{15^\circ}=0.715V-0.26 & R^2=0.903\\ E_{30^\circ}=1.09V-10.04 & R^2=0.9841\\ E_{45^\circ}=1.61V-25.97 & R^2=0.9139\\ E_{60^\circ}=1.17V-16.49 & R^2=0.8774\\ E_{75^\circ}=1.12V-14.85 & R^2=0.9685\\ E_{90^\circ}=1.29V-13.75 & R^2=0.8334\end{cases} \tag{2-6}$$

如图 2-13 和图 2-14 所示为不停冲击速度下岩样各向异性率、各向异性度的变化规律。

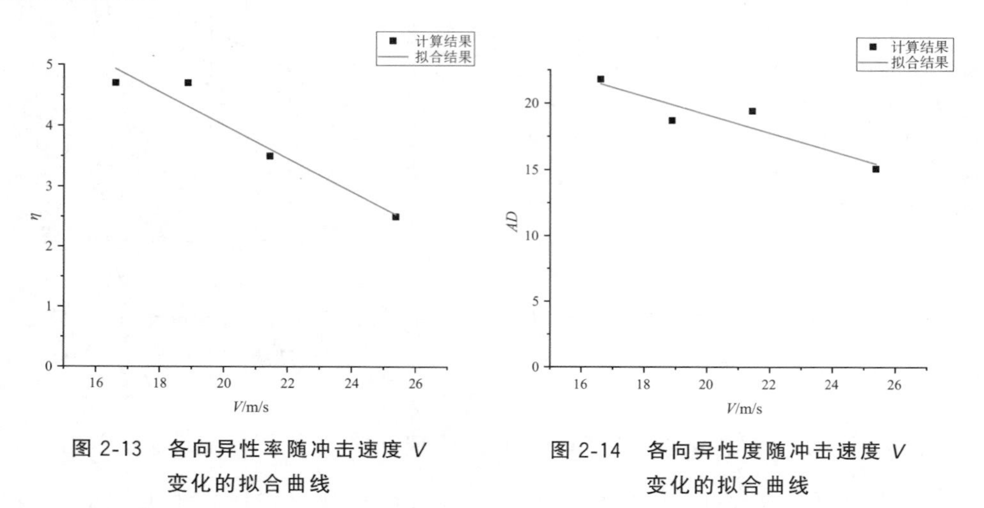

图 2-13 各向异性率随冲击速度 V 变化的拟合曲线

图 2-14 各向异性度随冲击速度 V 变化的拟合曲线

从图中可以看出随着冲击速度的增加，岩样的各向异性率、各向异性度均呈现线性下降的趋势，利用线性公式对其进行拟合，拟合结果如下：

$$\eta = -0.2743V + 9.4785 \quad R^2 = 0.935 \tag{2-7}$$

$$AD = -0.685V + 32.85 \quad R^2 = 0.853 \tag{2-8}$$

式(2-7)和式(2-8)表明，各向异性度斜率的绝对值大于各向异性率斜率的绝对值，故在相同速度变化量的情况下各向异性度的变化更为剧烈。因此，可以认为，衡量岩体动态各向异性程度时，各向异性度指标效果更好，更能反映岩样的动态各向异性程度。

第四节 千枚岩动态拉伸力学特性

本节利用上述巴西圆盘劈裂岩样进行不同冲击速度下的霍普金森杆试验，

进行数据处理获得层状千枚岩动态拉伸应力-应变曲线，并对曲线形态进行分析，对不同冲击速度以及不同层状面 α 工况下的动态拉伸峰值强度、拉伸弹性模量进行分析。

一、千枚岩动态拉伸应力－应变曲线分析

为研究层状千枚岩动态拉伸应力-应变曲线，通过霍普金森杆试验系统做出不同冲击速度下不同层理面方位角工况条件下千枚岩动态拉伸应力-应变曲线，如图 2-15 所示。

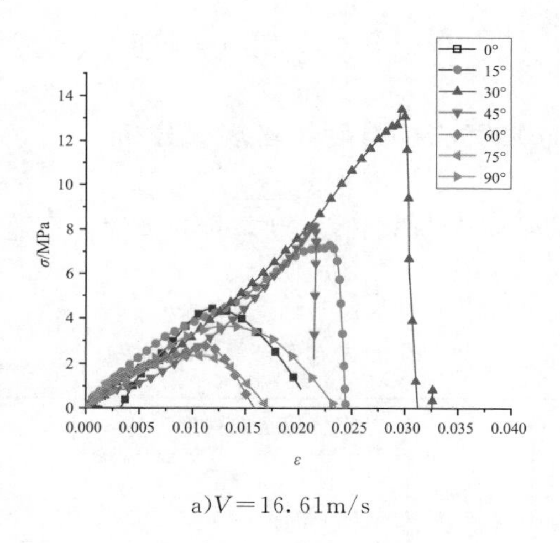

a)V=16.61m/s

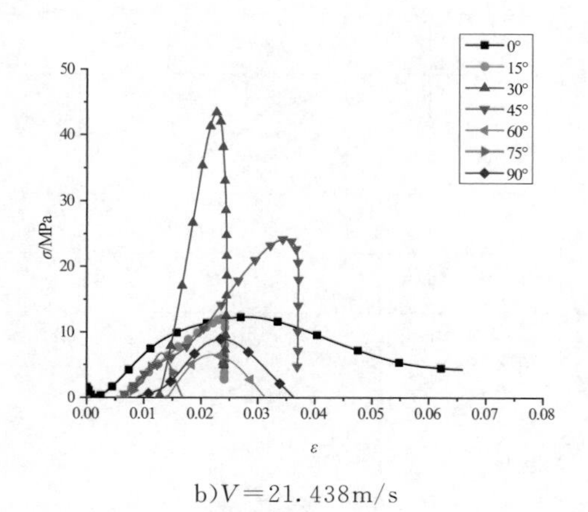

b)V=21.438m/s

图 2-15　不同冲击速度下各层理面方位角工况下动态拉伸应力-应变曲线

如图 2-15 所示为不同冲击速度下各层理面方位角工况下的动态拉伸应力-应变曲线，从图中可以看出：

当冲击速度 $V=16.61\text{m/s}$ 时，不同层理面方位角工况下的岩样的应力-应变曲线形态各不相同，当 α 为 0°、60°、75°、90°时岩样动态应力-应变曲线形态基本一致，出现沿着层状面滑动的破坏，所以在应力达到峰值后下降时也出现了一定量的应变。当 α 为 15°、30°、45°时，岩样未发生沿着层状面滑动的破坏，破坏是瞬时发生的，故当应力达到峰值时，岩样发生瞬间破坏。

当冲击速度 $V=21.438\text{m/s}$ 时，不同层理面方位角工况下的岩样应力-应变曲线形态各不相同，其情况与 $V=16.61\text{m/s}$ 时相同。

二、千枚岩动态峰值抗拉强度变化规律分析

为研究岩样的动态峰值抗拉强度、动态拉伸弹性模量随层状面方位角变化的规律做出表 2-3。

表 2-3 千枚岩动态劈裂试验结果

子弹冲击速度(m/s)	α	动态峰值抗拉强度(MPa)	动态拉伸弹性模量(GPa)
16.61	0°	4.42	0.586
	15°	7.3	0.313
	30°	13.42	0.298
	45°	8.17	0.291
	60°	2.77	0.144
	75°	2.34	0.318
	90°	3.64	0.332

续表

子弹冲击速度(m/s)	α	动态峰值抗拉强度(MPa)	动态拉伸弹性模量(GPa)
21.438	0°	12.31	0.662
	15°	12.02	0.640
	30°	43.44	1.792
	45°	24.15	0.857
	60°	6.55	1.239
	75°	6.76	0.607
	90°	8.91	1.549

为研究不同冲击速度下层状千枚岩动态拉伸峰值强度随层理面方位角变化的规律，根据表 2-3 的数据做出图 2-16 和图 2-17。

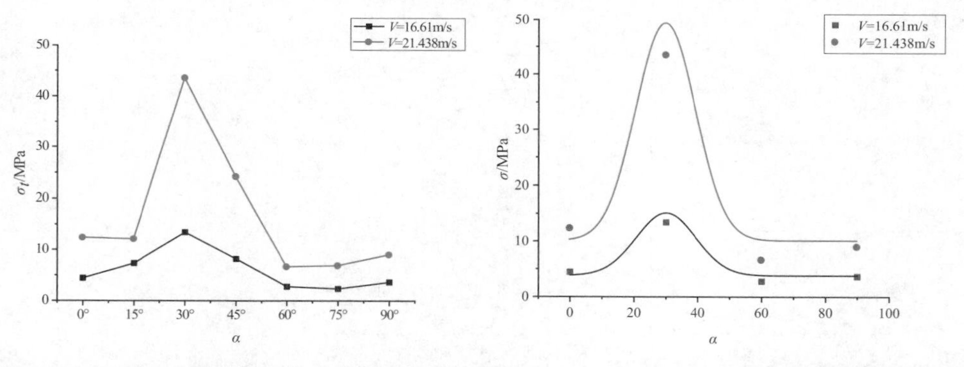

图 2-16　不同冲击速度下千枚岩拉伸峰值强度随层理面方位角变化曲线

图 2-17　不同冲击速度下千枚岩拉伸峰值强度随层理面方位角变化拟合结果

如图 2-16 所示，随着子弹冲击速度的提高，α 为 0°～90°的动态峰值抗拉强度均出现一定程度的提高，当子弹冲击速度保持不变且 $\alpha=30°$时，其动态峰值抗拉强度最大，$V=16.61$m/s、$V=21.438$m/s 时相比其他角度分别平均高出 64.35%、72.9%。

如图 2-17 所示，选取层状面方位角 α 为 0°、30°、60°、90°工况时，做出不同子弹冲击速度下动态拉伸峰值强度随 α 变化的散点图，并对结果进行拟合，发现随着 α 的增大，动态拉伸峰值强度服从 Gaussian 分布规律，拟合结果如式(2-9)

和式(2-10)所示。

$$\sigma_{16.61\mathrm{m/s}}=3.8103+(264.025/(18.603*\sqrt{(\frac{\pi}{2})}))/e^{(-2*((x-30)/18.593)^2)}$$

$$R^2=0.939 \tag{2-9}$$

$$\sigma_{21.438\mathrm{m/s}}=10.018+(916.316/(18.593*\sqrt{(\frac{\pi}{2})}))/e^{(-2*((x-30)/18.593)^2)}$$

$$R^2=0.939 \tag{2-10}$$

如图 2-18 所示,当子弹冲击速度为 $V=16.61\mathrm{m/s}$ 时,千枚岩拉伸弹性模量随角度 α 变化得并不明显;当子弹冲击速度 $V=21.438\mathrm{m/s}$ 时,千枚岩动态拉伸弹性模量出现剧烈变化,且各角度所对应的动态拉伸弹性模量高于 $V=16.61\mathrm{m/s}$ 时各角度所对应的动态拉伸弹性模量。

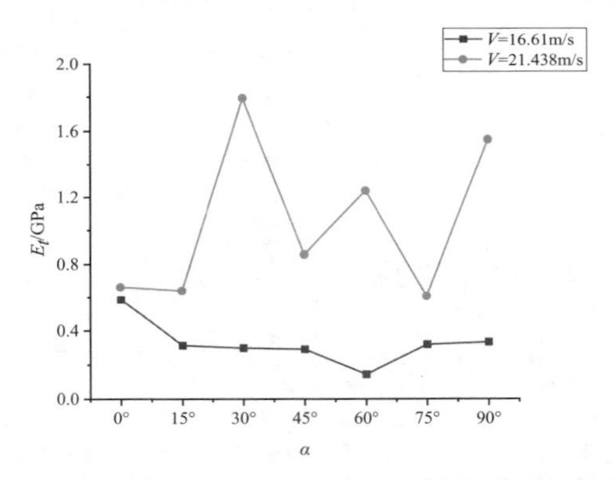

图 2-18　不同速度下各角度千枚岩动态拉伸弹性模量图

三、千枚岩拉伸作用下宏观破坏模式分析

为探明岩样劈裂破坏模式受何种因素控制,用高速摄像机对试验过程进行拍摄,拍摄结果如图 2-19 所示。

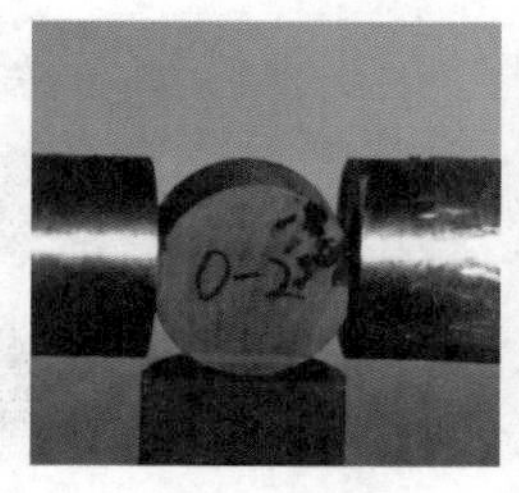

初始阶段

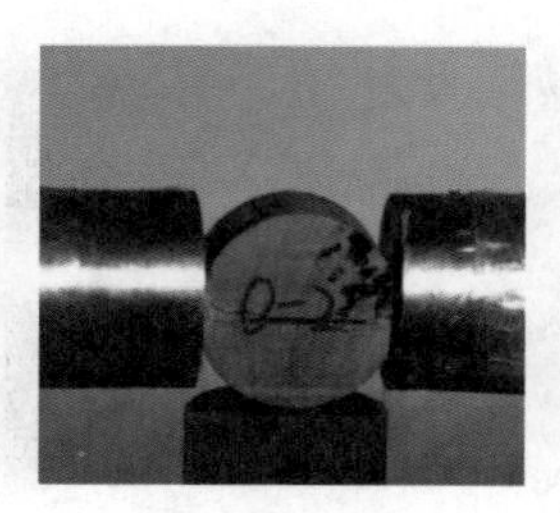

破裂过程

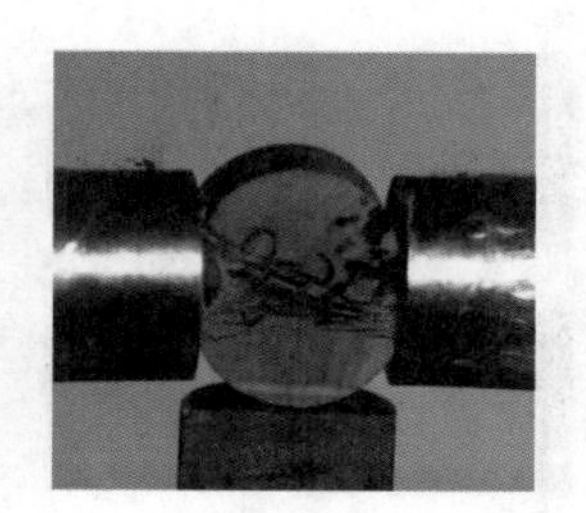

破裂结果

a) $\alpha=0°$　高速相机拍摄下的岩样破裂过程

初始阶段

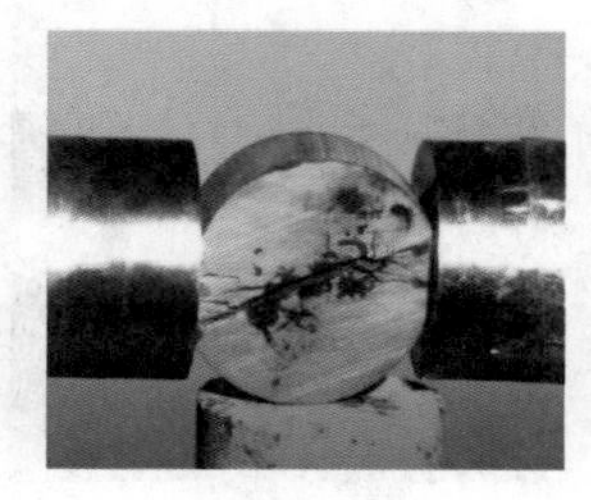

破裂过程

破裂结果

b) $\alpha=15°$　高速相机拍摄下的岩样破裂过程

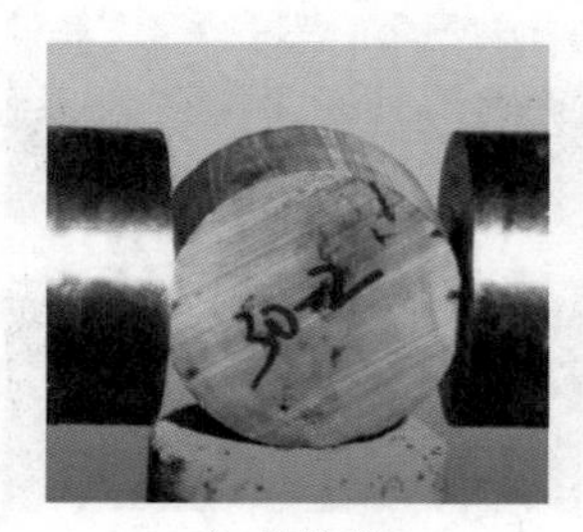

初始阶段

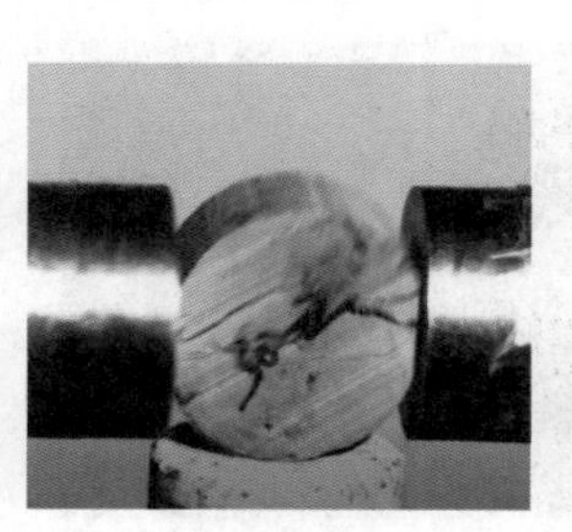

破裂过程

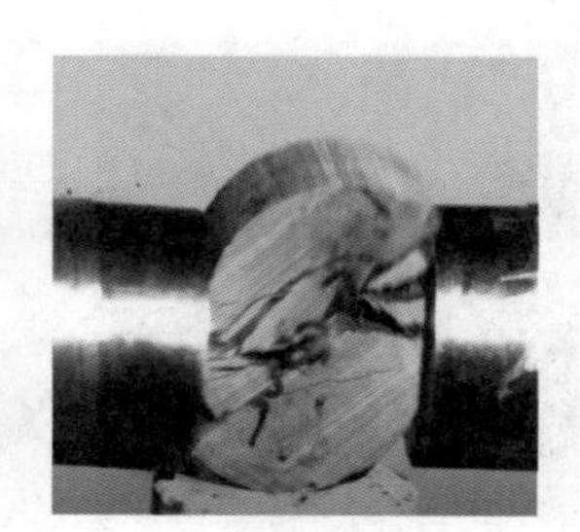

破裂结果

c) $\alpha=30°$　高速相机拍摄下的岩样破裂过程

初始阶段

破裂过程

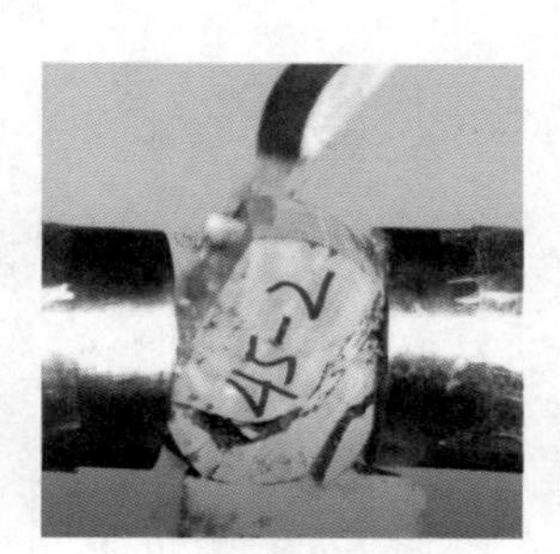

破裂结果

d) $\alpha=45°$　高速相机拍摄下的岩样破裂过程

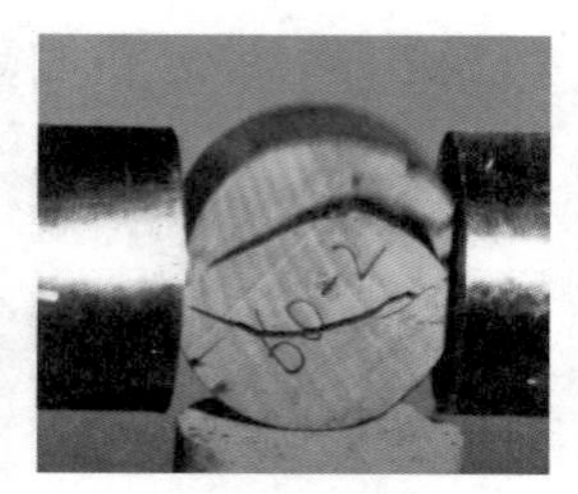
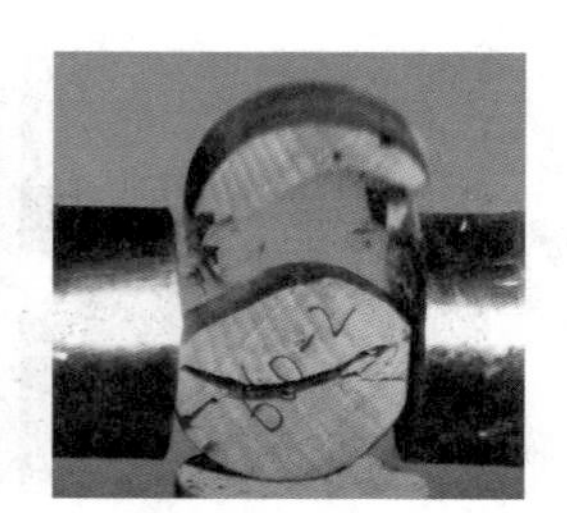

初始阶段 破裂过程 破裂结果

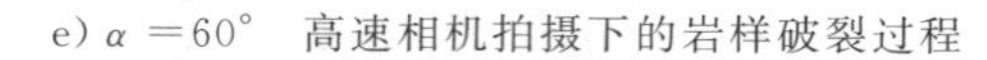

e) α =60° 高速相机拍摄下的岩样破裂过程

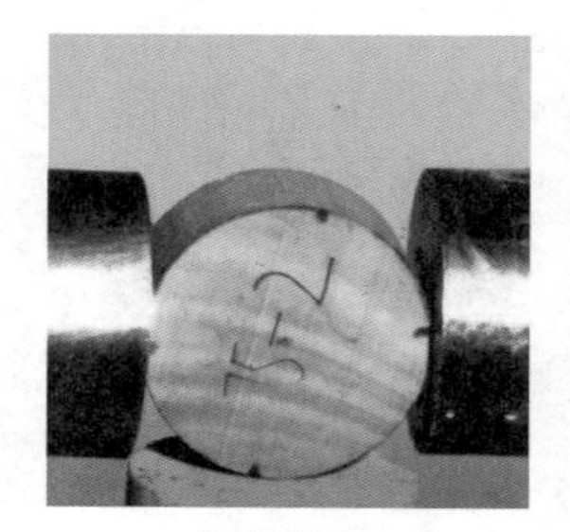
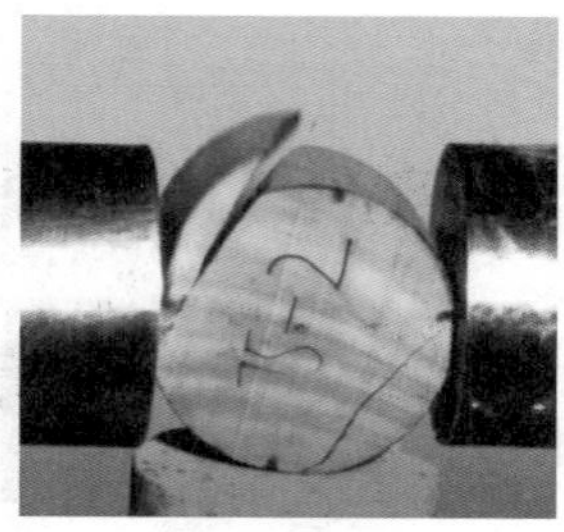
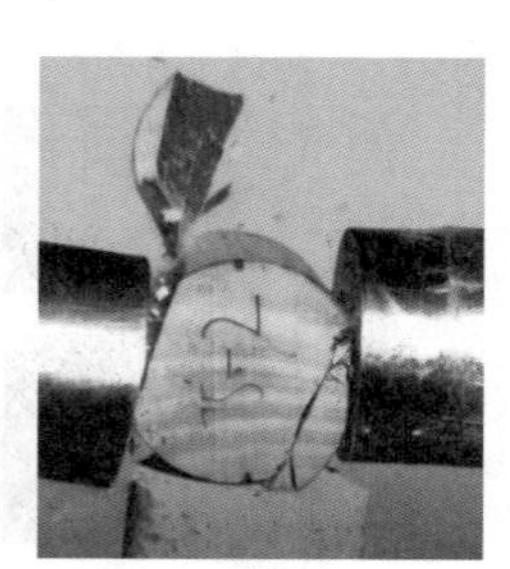

初始阶段 破裂过程 破裂结果

f) α =75° 高速相机拍摄下的岩样破裂过程

初始阶段 破裂过程 破裂结果

g) α =90° 高速相机拍摄下的岩样破裂过程

图 2-19 岩样破坏过程图

如图 2-19 所示为不同层状面方位角工况下岩样劈裂破坏过程，当岩样层状面方位角 α =0°时，岩样起初产生 1 条沿着层状面的裂纹，随着破坏过程的发展，裂纹逐渐贯通，最终发生沿着层状面的张拉破坏。当岩样层状面方位角 α =15°时，在破坏初期，出现沿着层状面小裂纹的同时在入射杆与岩样的接触点上与层状面相交的小裂纹，但岩样的最终破坏为沿着层状面的滑移破坏。当

$\alpha=30°$时，起初产生了2条沿着层理面的裂纹，随着破坏过程的发展，其中1条逐渐转变为沿着与层状面相交的裂纹，另1条则继续沿着层理面发展最终贯通，但岩样的最终破坏为沿着层状面的滑移破坏。当$\alpha=45°$时，岩样产生3条裂纹，其中2条沿着层理面，1条起初与层状面相交，随着破坏过程的发展，最终发生沿层-切层滑移破坏。当$\alpha=60°$时，在破坏初期，同时产生2条与层状面相交的裂纹，随着破坏过程的发展，两条裂纹都发展为沿着层状面的裂纹，但随着破坏过程的进一步发展，裂纹最终发展为与层状面相交的形式，最终发生沿层-切层滑移破坏。当$\alpha=75°$时，岩样产生2条沿着层状面对称的裂纹，最终发生沿层滑移破坏。当$\alpha=90°$时，产生2条与层状面相交的裂纹，岩样只发生局部掉块。

第五节 小 结

(1)对于动态单轴冲击试验，相比β为0°、15°、90°时，β为30°、45°、60°、75°工况下的岩样的破坏模式对冲击速度的改变更为敏感。岩样的动态峰值强度、动态弹性模量与子弹的冲击速度呈正相关。冲击速度相同时，随着方位角β的增大，千枚岩动态峰值强度、动态弹性模量呈现二次函数变化规律，其最小值都出现在$\beta=45°$左右。岩样的各向异性度、各向异性率与子弹冲击速度呈现线性负相关的变化规律，但各向异性度指标随冲击速度变化得更为明显。

(2)对于动态巴西圆盘劈裂试验，无论速度如何变化，当α为0°、60°、75°、90°时，其动态应力-应变曲线形态一致，都发生沿层状面的破坏。当α为15°、30°、45°时，应力-应变曲线形态一致，破坏是突然发生的。各工况下的动态峰值抗拉强度、动态拉伸弹性模量都与冲击速度呈正相关关系。子弹冲击速度相同的条件下，当 $\alpha=30°$ 时，其动态峰值抗拉强度最大。动态拉伸峰值强度随 α 的分布服从 Gaussian 分布规律。岩样的破坏模式与层状面方位角有着密切的关系：当 α 为 0°、15°、30°、75°时，破坏都是沿着层状面发生的；当 α 为 45°、60°时发生沿层-切层滑移破坏；当 $\alpha=90°$ 时只发生局部掉块。

第三章　千枚岩尺寸效应研究

第一节　概　　述

尺寸效应是脆性材料和准脆性材料的固有特性，尤其对于岩石而言，尺寸的变化对岩石的力学特性具有重要影响。自断裂力学创始人 Griffith 于 1921 年将断裂力学引入尺寸效应的研究中后，国内外众多研究学者对尺寸效应的理论研究进行了大量工作，并取得了许多成果。目前尺寸效应理论大致有七种，考虑到岩石材料的特殊性，岩石强度尺寸效应理论主要有以下三种：Weibull 统计尺寸效应理论、断裂能量尺寸效应理论、基于裂纹分形特性的尺寸效应理论。

岩石的破坏是随着变形的不断发展，岩石内部的各种微裂纹、缺陷等随之不断发展，并最终形成宏观裂纹而导致的。岩石是一种宏观连续但微观不连续的多孔介质材料，具有较明显的尺寸效应。研究表明，不同尺寸的岩样，其变形过程及破坏模式明显不同，并且尺寸对岩石的抗压强度、弹性模量、耗散能等性质有显著影响。因而，受尺寸效应的影响，在本构关系建立及岩土工程设计方面仍然存在诸多问题，尺寸效应一直都是岩石力学中被重点关注的研究课题之一。

本章以 4 种层理倾角（α 为 0°、30°、60°、90°）不同长径比下的千枚岩为研究对象，利用霍普金森压杆装置进行单一冲击气压下的动态压缩试验，研究了4种层理倾角不同长径比下千枚岩的动力特性。分析了不同长径比下千枚岩应力-应变曲线的变化特征及其差异性，探索了千枚岩动态抗压强度和峰值应变与长径比之间的变化规律，结合动态冲击过程中的能量传递，对比分析了不同长径比下千枚岩能量时程曲线的差异性。

第二节　试验方案

本试验选取4种层理面倾角（α为0°、30°、60°、90°），直径为50mm，长度分别为25mm、30mm、40mm、50mm、60mm、80mm、100mm的7种千枚岩试样进行SHPB冲击压缩试验。图3-1为千枚岩试样图，采用相同冲击气压(0.25MPa)对所有试样进行冲击压缩试验，研究不同倾角千枚岩试件的动态力学性质随试样长度变化的规律；图3-2是倾角为90°、长度为25mm的千枚岩试样夹持图，在冲击加载过程中，要保持试样与入射杆和透射杆具有紧密的接触，使得应力波进行有效传播。在冲击加载过程中，为了观测千枚岩试样动态冲击的破坏过程，采用高速摄像机进行同步拍摄，为防止试样破碎飞溅对试验人员及设备造成损伤，在试样和设备之间放置高强度纤维玻璃进行遮挡。

图3-1　千枚岩试样图

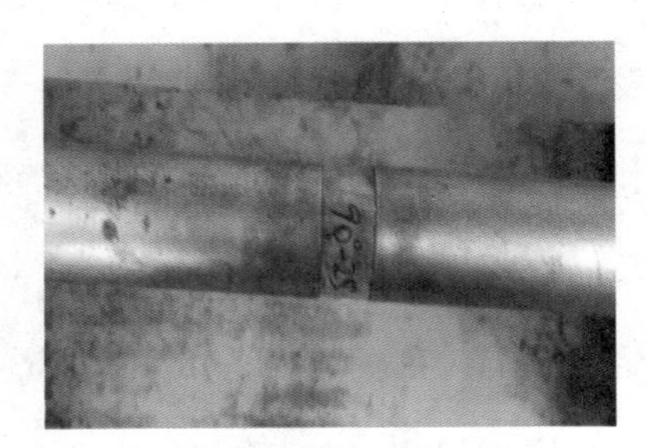

图3-2　千枚岩试样夹持图

第三节 不同尺寸下千枚岩动态抗压强度和峰值应变特性研究

试验前对试样进行测量，试验过程中采集到入射波、反射波、透射波信号，再进行数据处理，其最终处理结果如下：表 3-1 所示为不同倾角千枚岩试样在不同长度下进行 SHPB 冲击压缩试验得出的结果。在表 3-1 中，L 和 D 分别表示试样的长度和直径，L/D 为试样的长径比，M 为试样的质量，ρ 为试样密度，σ_0 为试样动态抗压强度，ε_0 为试样动态压缩下的峰值应变，$\dot{\varepsilon}$ 为应变率。

表 3-1 不同倾角及长度千枚岩的 SHPB 试验结果

倾角 α (°)	试件编号	L(mm)	D(mm)	L/D	M(g)	ρ (g/cm^3)	σ_0 (MPa)	ε_0 (10^{-2})	$\dot{\varepsilon}$
0	QJ00－025	25.20	48.75	0.52	128.77	8.30	154.93	1.63	151
	QJ00－030	29.55	49.50	0.60	154.71	8.25	156.59	1.14	134
	QJ00－040	39.90	49.40	0.81	208.42	8.26	162.96	0.95	122
	QJ00－050	50.40	49.35	1.02	263.14	8.28	157.68	0.72	115
	QJ00－060	59.60	49.35	1.21	311.80	8.29	151.34	0.67	104
	QJ00－080	79.95	49.45	1.62	419.58	8.28	139.32	0.49	96
	QJ00－100	100.8	49.25	2.05	527.25	8.32	117.92	0.24	80
30	QJ30－025	25.30	49.55	0.51	133.37	8.29	98.01	1.42	143
	QJ30－030	30.50	49.20	0.62	156.75	8.20	112.44	1.20	125
	QJ30－040	41.00	49.20	0.83	212.17	8.25	137.69	1.14	112
	QJ30－050	50.65	49.20	1.03	262.89	8.28	152.05	0.98	104
	QJ30－060	60.25	49.30	1.22	314.47	8.29	138.91	0.70	91
	QJ30－080	80.65	48.85	1.65	412.93	8.28	102.73	0.45	83
	QJ30－100	100.7	49.10	2.05	521.22	8.29	65.29	0.28	72

续表

倾角 α (°)	试件编号	L(mm)	D(mm)	L/D	M(g)	ρ (g/cm^3)	σ_0 (MPa)	ε_0 (10^{-2})	$\dot{\varepsilon}$
60	QJ60－025	24.85	49.35	0.50	130.78	8.34	96.02	1.29	132
	QJ60－030	29.60	49.40	0.60	155.90	8.33	117.97	1.27	124
	QJ60－040	40.15	49.25	0.82	209.70	8.31	129.60	0.69	110
	QJ60－050	49.55	49.10	1.01	257.23	8.31	119.77	0.57	98
	QJ60－060	60.15	49.45	1.22	317.37	8.33	111.97	0.54	87
	QJ60－080	80.15	49.40	1.62	423.55	8.36	86.06	0.46	75
	QJ60－100	99.15	49.35	2.01	522.83	8.36	53.26	0.21	46
90	QJ90－025	25.35	48.70	0.52	129.47	8.31	106.83	1.22	146
	QJ90－030	29.55	49.05	0.60	153.26	8.32	112.36	1.17	132
	QJ90－040	39.85	49.00	0.81	206.28	8.32	120.60	1.02	120
	QJ90－050	50.90	49.05	1.04	263.77	8.31	113.72	0.77	106
	QJ90－060	58.95	49.15	1.20	304.71	8.26	108.30	0.41	92
	QJ90－080	80.10	49.00	1.63	414.87	8.33	96.33	0.28	86
	QJ90－100	99.80	48.95	2.04	510.78	8.25	83.58	0.22	70

一、不同尺寸千枚岩应力应变关系分析

通过试验得到不同条件下千枚岩 SHPB 试验的冲击信号，并进行数据计算，即可得到千枚岩的动态应力-应变曲线，如图 3-3 所示。

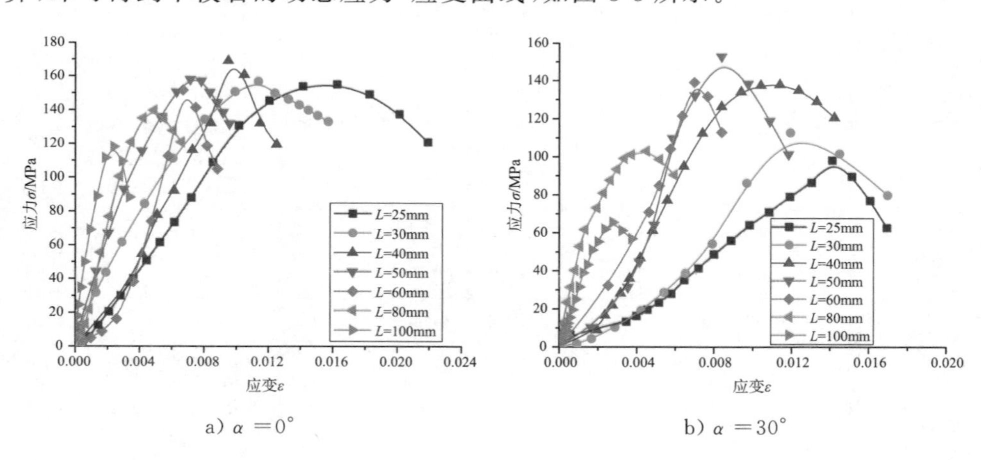

a) α =0°　　　b) α =30°

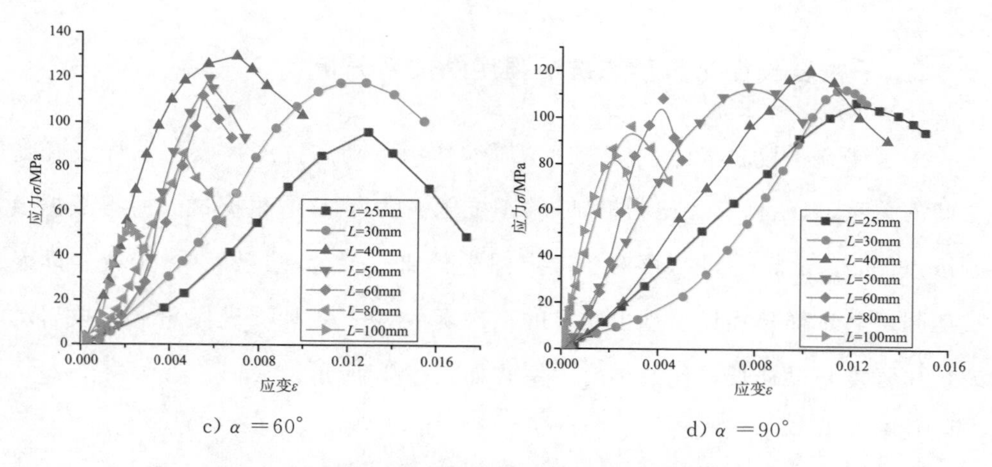

图 3-3 4种倾角下不同长度千枚岩应力－应变曲线

由图 3-3 可见，4 种倾角下不同长度千枚岩应力-应变曲线均可分为 4 个阶段：裂隙初始压密阶段、弹性变形阶段、塑性增强阶段和岩石破坏阶段。0°、60°、90°倾角下千枚岩长度 L 在 25～40mm 范围内，应力-应变曲线形态变化较大，曲线破坏时的峰值应变较大；当千枚岩长度 L 在 50～100mm 范围内时，曲线形态变化较小。30°倾角下千枚岩应力-应变曲线形态大致可分为 3 类：试件长度 L 为 25～30mm 时，曲线抗压强度较低，峰值应变较大，曲线较平缓；试件长度 L 为 40～50mm 时，曲线峰值较高，曲线整体形态较好；试件长度 L 为 60～100mm 时，曲线斜率较大，上升速度较快。研究发现层理倾角的增大对千枚岩应力-应变曲线形态影响不大，但是千枚岩动态冲击下的峰值强度随层理倾角的增大呈现先减小后增大的趋势，相同长度的千枚岩试样在 α 为 60°时，动态峰值强度最低。4 种倾角下千枚岩试样长度 L 在 25～50mm 范围内时，应力-应变曲线形态变化较大，但当试样长度 $L>50$mm 时，千枚岩应力-应变曲线形态随试样长度的增加变化较小。这是由于在同一冲击气压下，长度 L 为 25～50mm 的试样处于高应变率范围，岩石在高应变率下更易达到应力平衡，千枚岩试样应变率随长度增长变化较大，此时岩石试样动态力学特性的尺寸效应显著。当试样长度 $L>50$mm 时，岩石试样应变率变化较小，此时尺寸效应效果较小。

二、千枚岩长径比与动态抗压强度的关系分析

为了研究千枚岩试样在动态冲击压缩作用下动态抗压强度与试样长径比之间的关系，以试样长径比为横轴，动态抗压强度为纵轴，根据试验所得数据绘制散点图，如图 3-4 所示，再对各散点图进行曲线拟合，结果表明，千枚岩动态抗压强度与试样长径比呈现出明显的二次函数关系，4 种层理倾角下千枚岩动态抗压强度与试样长径比的拟合关系式如式(3-1)所示。

$$\begin{cases} \alpha=0^{0}: \sigma=141.33+43.94L/D-27.99(L/D)^{2} & R^{2}=0.97962 \\ \alpha=30^{0}: \sigma=12.91+232.72L/D-104.90(L/D)^{2} & R^{2}=0.91904 \\ \alpha=60^{0}: \sigma=62.63+120.45L/D-63.54(L/D)^{2} & R^{2}=0.91331 \\ \alpha=90^{0}: \sigma=96.52+40.60L/D-24.05(L/D)^{2} & R^{2}=0.90435 \end{cases} \tag{3-1}$$

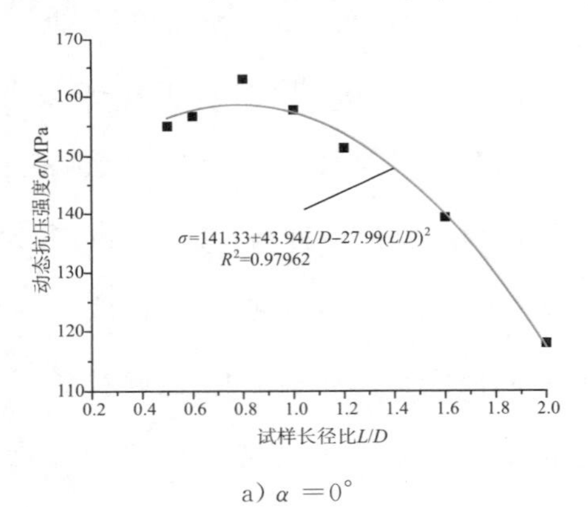

a) $\alpha=0°$

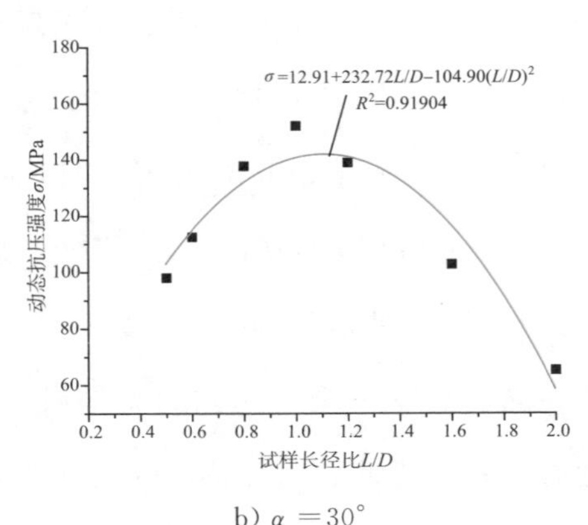

b) $\alpha=30°$

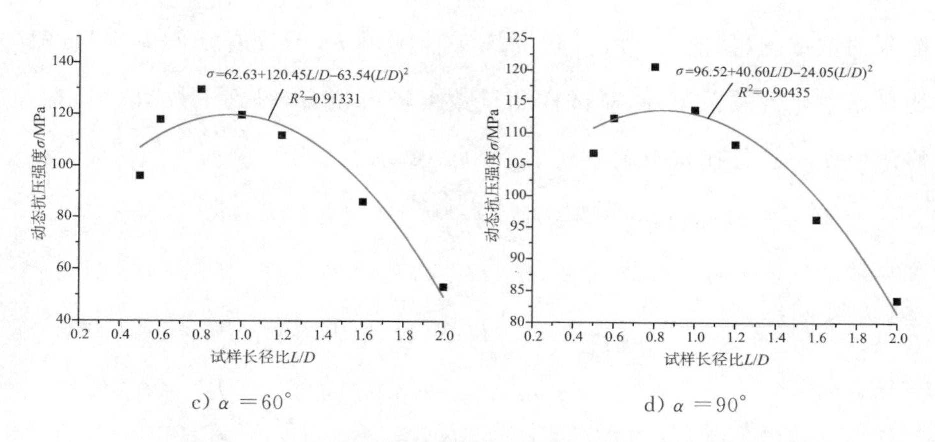

c) α =60°　　　　d) α =90°

图 3-4　4 种倾角下千枚岩动态抗压强度与长径比的关系

由图 3-4 可知，4 种层理倾角下千枚岩试样动态抗压强度随试样长径比增加均呈现出二次函数变化趋势，在固定冲击气压作用下，4 种倾角下千枚岩试样随长径比变化均存在一个最大动态抗压强度值，将最大动态抗压强度处的长径比定义为最大强度长径比，在 0°、30°、60°、90°倾角下千枚岩试样最大强度长径比值分别为 0.79、1.11、0.95、0.84。在 4 种层理倾角下，当千枚岩试样长径比未达到最大强度长径比时，试样动态抗压强度随长径比的增加而增加，又考虑到岩石应变率随试样长度的增大而降低，因此认为此时岩石尺寸效应强于应变率效应。当千枚岩试样长径比超过最大强度长径比时，由于试样长径比过大导致试样不稳定提前发生破坏，使得岩石的动态抗压强度降低。此时试样动态抗压强度呈现出随着长径比的增加而减小的趋势。

三、千枚岩长径比与峰值应变的关系分析

根据图 3-1～图 3-4 发现，不同长径比千枚岩试样在同一气压冲击作用下，峰值应变随试样长径比的增大呈降低趋势。在倾角为 0°和 60°下，试样长径比 $L/D<1.2$ 时，峰值应变随试样长径比的增大快速减小，当试样长径比 $L/D>1.2$ 时，峰值应变随试样长径比的增大下降速度变缓。当倾角为 30°和 90°时，随着长径比的增大，峰值应变下降趋势并没有明显的拐点。观察根据试验数据

所绘制的散点图(如图 3-5 所示),发现 4 种倾角下,千枚岩峰值应变与试样长径比呈指数函数关系下降,对试样测量数据进行拟合,得到千枚岩在动态冲击下峰值应变与长径比拟合关系式如式(3-2)所示。

$$\begin{cases} \alpha = 0^0 : \varepsilon = \exp[1.32 - 2.01L/D + 0.39(L/D)^2] & R^2 = 0.95444 \\ \alpha = 30^0 : \varepsilon = \exp[0.56 - 0.33L/D + 0.31(L/D)^2] & R^2 = 0.98338 \\ \alpha = 60^0 : \varepsilon = \exp[1.29 - 2.28L/D + 0.5(L/D)^2] & R^2 = 0.94798 \\ \alpha = 90^0 : \varepsilon = \exp[0.73 - 0.88L/D + 0.19(L/D)^2] & R^2 = 0.96081 \end{cases} \tag{3-2}$$

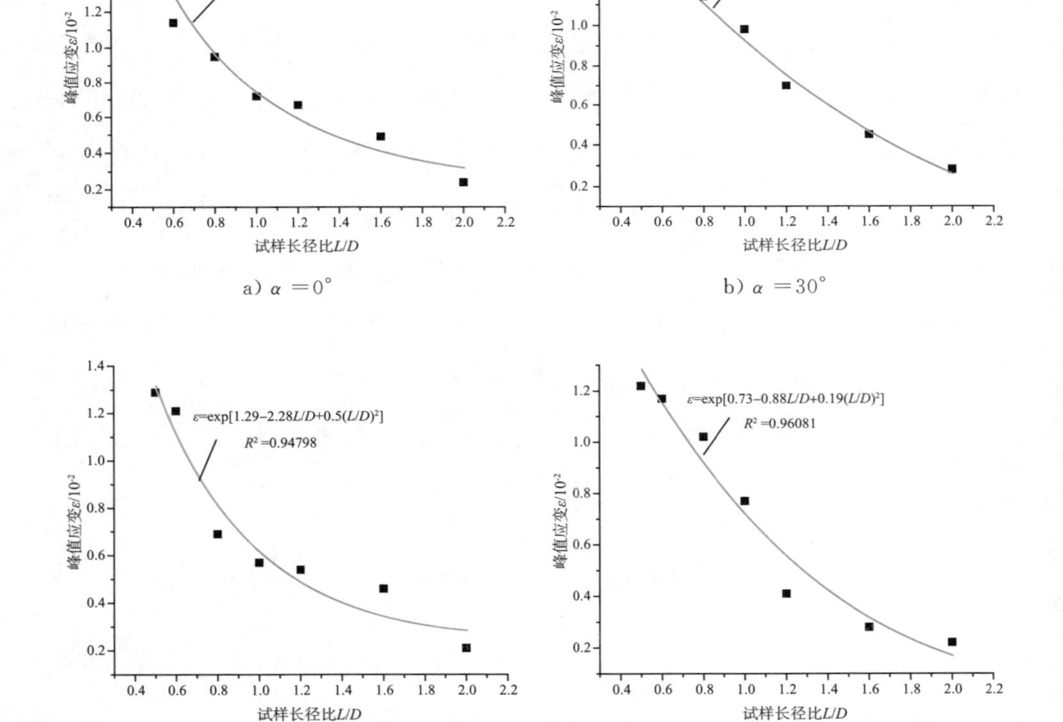

图 3-5 4 种倾角下千枚岩峰值应变与长径比的关系

第四节 不同尺寸下千枚岩动态压缩能量分析

对不同倾角千枚岩在不同长径比下的SHPB试验进行能量分析,发现不同工况的千枚岩在相同冲击气压下,入射能、反射能、透射能都呈现出3阶段式变化,能量变化阶段由缓慢上升到快速上升,最后趋于稳定。不同倾角和长径比下千枚岩试样能量增长变化过程基本一致,以0°倾角下长径比为0.6的长径比试样能量变化过程为例,如图3-6所示:第一阶段,在冲击加载下,随着时间的延长,入射能、反射能、透射能都开始缓慢增长;第二阶段,在应力波的冲击作用下,试样的入射能、反射能、透射能近乎线性增长;第三阶段,在应力波作用一定时间后,岩石入射能、反射能、透射能趋于稳定。

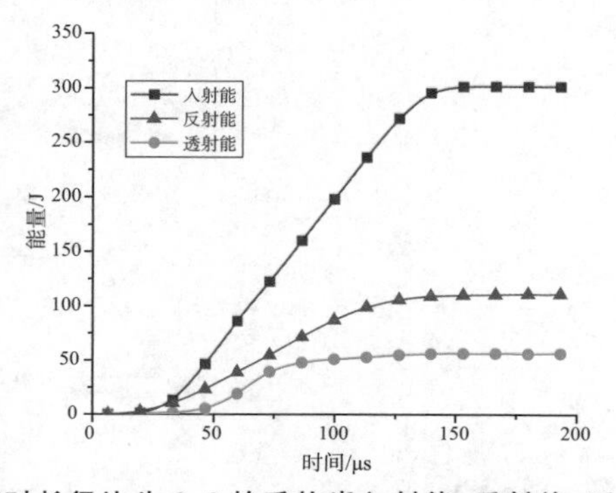

图 3-6 $\alpha=0°$时长径比为0.6的千枚岩入射能、反射能、透射能时程曲线

由于同一冲击气压下,不同层理、不同长径比的千枚岩在动力冲击压缩下,入射能增长趋势和幅度基本一致,因此,本文对不同层理、不同长径比的千枚岩在动态冲击作用下反射能、透射能的变化过程进行比较分析,其结果如图3-7和图3-8所示。

由图3-7可见,4种倾角下不同长径比千枚岩的反射能时程曲线变化趋势一致，均表现出明显的3个阶段式增长，反射能受倾角和长径比的影响较大。0°倾角下，在试样长径比 $L/D=1.2$ 时，千枚岩反射能稳定段的数值最大；在试样长径比 $L/D=1.0$ 时，千枚岩反射能稳定段的数值最小。30°倾角下，在试样长径比 $L/D=0.6$ 时，千枚岩反射能稳定段的数值最大；在试样长径比 $L/D=0.8$ 时，千枚岩反射能稳定段的数值最小。60°倾角下，在试样长径比 $L/D=1.2$ 时，千枚岩反射能稳定段的数值最大；在试样长径比 $L/D=2.0$ 时，千枚岩反射能稳定段的数值最小。90°倾角下，在试样长径比 $L/D=1.0$ 时，千枚岩反射能稳定段数值最大；在试样长径比 $L/D=0.6$ 时，千枚岩反射能稳定段数值最小。由此可见，不同层理倾角下，长径比对千枚岩反射能的影响差别较大。

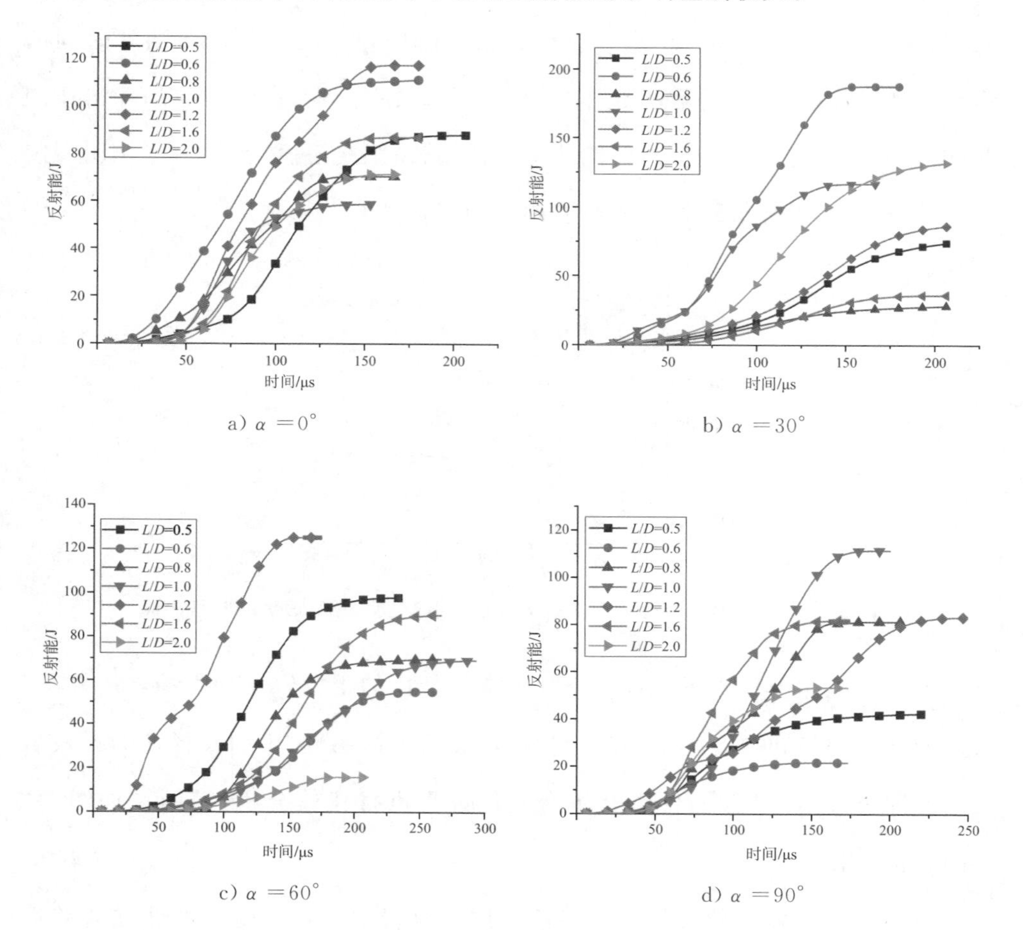

a) $\alpha=0°$　b) $\alpha=30°$

c) $\alpha=60°$　d) $\alpha=90°$

图 3-7 4 种倾角不同长径比下千枚岩反射能时程曲线

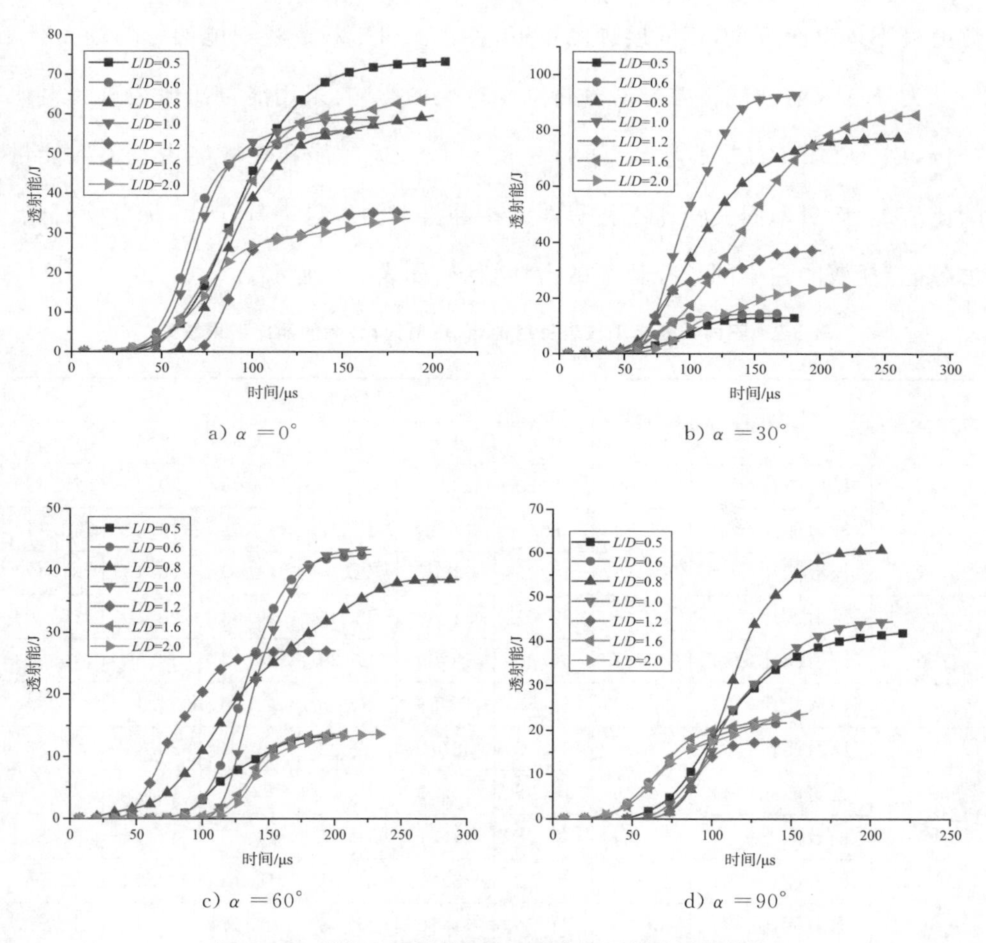

图 3-8 4 种倾角不同长径比下千枚岩透射能时程曲线

由图 3-8 可见，4 种倾角下千枚岩透射能随长径比的增长呈三段式变化。0°倾角下，在试样长径比 $L/D=0.5$ 时，千枚岩透射能稳定段的数值最大；在试样长径比 $L/D=2.0$ 时，千枚岩透射能稳定段的数值最小。30°倾角下，在试样长径比 $L/D=1.0$ 时，千枚岩透射能稳定段的数值最大；在试样长径比 $L/D=0.5$ 时，千枚岩透射能稳定段的数值最小。60°倾角下，在试样长径比 $L/D=1.0$ 时，千枚岩透射能稳定段的数值最大；在试样长径比 $L/D=2.0$ 时，千枚岩透射能稳定段的数值最小。90°倾角下，在试样长径比 $L/D=0.8$ 时，千枚岩透射能稳定段的数值最大；在试样长径比 $L/D=1.2$ 时，千枚岩透射能稳定段的数值最小。由此可见，不同层理倾角下，长径比对千枚岩透射能的影响较大。

为降低入射波能量差异对分析结果产生的影响，采用能量比值法进行对比分析，E_R/E_I，E_T/E_I，E_D/E_I 分别表示反射能、透射能和耗散能占总输入能量的比值，然后对不同长径比千枚岩在动态冲击下的能量进行计算，获得反射能、透射能、耗散能在不同长径比下的占比情况，如表 3-2 所示。

表 3-2　不同长径比千枚岩反射能比、透射能比、耗散能比结果统计

倾角 α (°)	参数	长径比(L/D)						
		0.5	0.6	0.8	1.0	1.2	1.6	2.0
0	反射能比(%)	18.59	18.50	19.44	29.55	41.08	30.40	25.43
	透射能比(%)	45.84	38.15	17.49	14.67	14.22	33.47	43.11
	耗散能比(%)	35.57	43.35	63.07	55.78	44.70	36.13	31.47
30	反射能比(%)	25.63	32.07	34.42	35.33	39.63	26.10	25.00
	透射能比(%)	37.87	24.30	19.69	17.29	18.37	39.50	42.03
	耗散能比(%)	36.50	43.63	45.89	47.39	42.00	34.40	22.97
60	反射能比(%)	26.29	34.55	38.10	42.28	45.18	38.47	36.95
	透射能比(%)	36.46	19.38	13.03	10.43	9.92	18.79	30.22
	耗散能比(%)	37.24	46.08	48.87	47.29	44.90	42.73	32.83
90	反射能比(%)	23.93	30.53	33.29	39.91	48.13	32.53	27.96
	透射能比(%)	39.94	24.56	14.50	13.45	11.71	37.45	49.09
	耗散能比(%)	36.13	44.92	52.21	46.64	40.16	30.02	22.95

各能量比随长径比变化的曲线如图 3-9～图 3-11 所示。发现 4 种倾角下（α 为 0°、30°、60°、90°）千枚岩试样的反射能比随长径比增大呈现先增大后减小的趋势，千枚岩试样的透射能比随长径比增大呈现先减小后增大的趋势。在长径比 $L/D=1.2$ 时，千枚岩的反射能比达到最大值，透射能比达到最小值 。层理千枚岩的反射能比和透射能比存在一个临界长径比，临界长径比为 $L/D=1.2$。当千枚岩试样长径比未达到 1.2 时，千枚岩试样反射能比与长径比呈正相关关系，透射能比与长径比呈负相关关系；当千枚岩试样长径比超过 1.2 时，

千枚岩试样反射能比与长径比呈负相关关系，透射能比与长径比呈正相关关系。千枚岩试样的耗散能比随长径比的增大呈现先增大后减小的趋势，在长径比 $L/D=0.8$ 时，各倾角下千枚岩试样的耗散能比达到最大值。对比 4 种倾角下千枚岩的反射能比、透射能比和耗散能比随长径比变化的规律，发现相同长径比下不同层理面倾角千枚岩的能量比也存在差异，表明层理倾角对千枚岩动态冲击过程能量占比也有一定的影响。

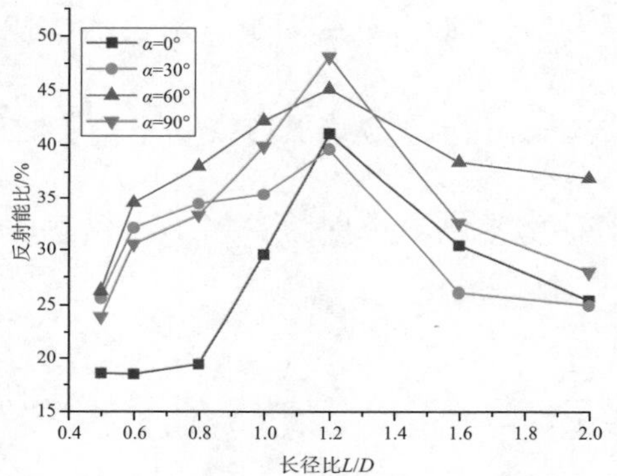

图 3-9 不同倾角下反射能比与长径比的关系

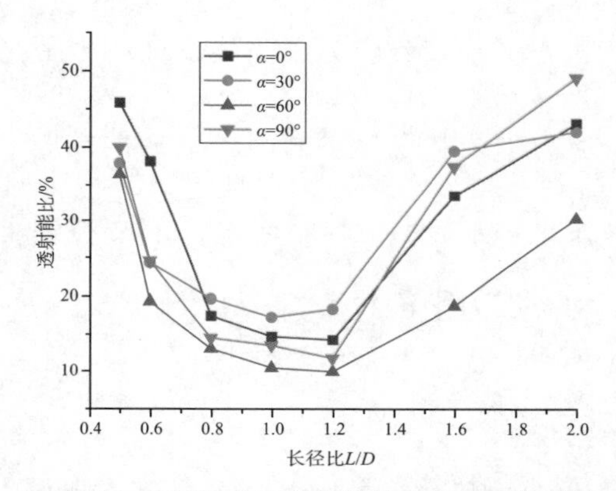

图 3-10 不同倾角下透射能比与长径比的关系

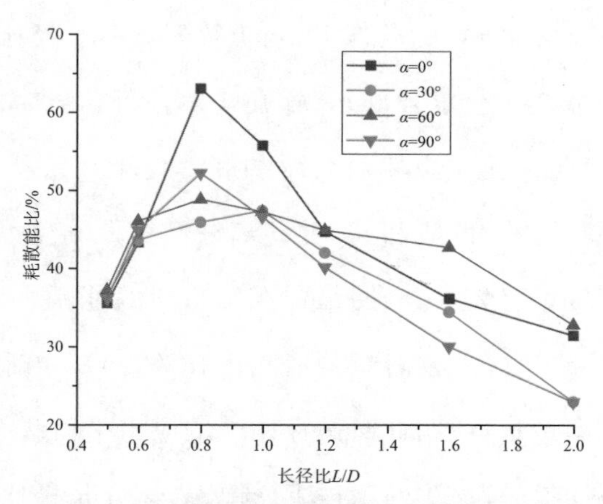

图 3-11 不同倾角下耗散能比与长径比的关系

第五节 不同尺寸下千枚岩动态压缩应力平衡分析

在霍普金森杆动态冲击试验中，确保岩石试样在破坏前两端应力处于平衡状态十分重要。为了描述试样应力平衡程度，引入应力平衡因子 η 来表示试样应力平衡状态。平衡因子 η 用两端应力之差 $\sigma_{SI}-\sigma_{ST}$ 与其平均值 $\frac{\sigma_{SI}+\sigma_{ST}}{2}$ 之比来表示，如式(3-3)所示。本节根据上述理论来研究不同长径比下千枚岩的动态应力平衡状态。

$$\eta=\frac{2(\sigma_{SI}-\sigma_{ST})}{\sigma_{SI}+\sigma_{ST}} \tag{3-3}$$

式中，$\sigma_{SI}=\sigma_I+\sigma_R$，$\sigma_I$ 为入射应力，σ_R 为反射应力；$\sigma_{ST}=\sigma_T$，σ_T 为透射应力。

由图 3-12 可见，在 $\alpha=0°$ 的条件下，当千枚岩试样长径比在 0.5～1.0 范围时，σ_{SI} 曲线和 σ_{ST} 曲线吻合度较好，试样在峰值强度前后阶段应力平衡因子 η 保持在 0 值附近，说明试样在破坏前后两端应力处于平衡状态；而当试样长径比在 1.2～2.0 范围时，σ_{SI} 曲线和 σ_{ST} 曲线离散性较大，应力平衡因子 η 在动态冲击过程中波动幅度始终较大，表明试样在动态冲击过程中两端应力未处于平衡状态。其中在 $\alpha=0°$ 时，千枚岩试样长径比 $L/D=0.5$ 时，应力平衡因子 η 在 0 值附近持续时间最长，说明此时试样两端的应力平衡状态维持时间最长。

由图 3-13 可见，在 α 为 30° 的条件下，千枚岩试样长径比在 0.5～1.2 范围时，σ_{SI} 曲线和 σ_{ST} 曲线吻合度较好，应力平衡因子 η 在破坏前后阶段保持在 0 值附近，说明试样两端应力基本处于平衡状态。在长径比 $L/D=0.5$ 时，试样两端的应力平衡状态维持时间也最长。同时发现，随长径比的增大，应力平衡因子

η 在峰值前后阶段在 0 值附近的持续时间逐渐缩短，表明在动态冲击下随着长径比的增大，千枚岩试样应力平衡状态逐渐降低。千枚岩长径比在 1.6～2.0 范围时，σ_{SI} 曲线和 σ_{ST} 曲线离散性较大，应力平衡因子 η 在动态冲击过程中波动幅度较大，表明此时试样两端应力未处于平衡状态。

由图 3-14 可见，在 $\alpha=60°$ 的条件下，千枚岩试样长径比在 0.5～1.2 范围时，σ_{SI} 曲线和 σ_{ST} 曲线吻合度较好，应力平衡因子 η 在峰值强度前后阶段保持在 0 值附近，说明试样两端应力基本处于平衡状态。在长径比 $L/D=0.5$ 时，试样两端应力平衡状态维持时间最长。对比 30°倾角下长径比在 0.5～1.2 范围时的应力平衡因子，发现同长径比下 60°倾角下应力平衡因子 η 波动幅度较 30°倾角时略大，这表明层理倾角对应力平衡状态也具有一定的影响作用。千枚岩试样长径比在 1.6～2.0 范围时，σ_{SI} 曲线和 σ_{ST} 曲线离散性较大，应力平衡因子 η 在动态冲击过程中变化幅度较大，表明试样两端应力未处于平衡状态。

由图 3-15 可见，在 $\alpha=90°$ 的条件下，千枚岩试样长径比在 0.5～1.2 范围时，σ_{SI} 曲线和 σ_{ST} 曲线吻合度较好，应力平衡因子 η 在试样破坏前后阶段保持在 0 值附近，说明试样两端应力基本处于平衡状态。在长径比 $L/D=0.5$ 时，试样两端的应力平衡状态持续时间最长。千枚岩长径比在 1.6～2.0 范围时，σ_{SI} 曲线和 σ_{ST} 曲线离散性较大，应力平衡因子 η 在动态冲击过程中变化幅度较大，说明此时试样两端应力未处于平衡状态。

综上所述，4 种倾角（α 为 0°、30°、60°、90°）下千枚岩试样长径比在 0.5～1.2 范围时，σ_{SI} 曲线和 σ_{ST} 曲线吻合度较好，应力平衡因子 η 在试样破坏前后阶段保持在 0 值附近，试样两端应力基本处于平衡状态。千枚岩长径比在 1.6～2.0 范围时，σ_{SI} 曲线和 σ_{ST} 曲线离散性较大，应力平衡因子 η 在动态冲击过程中变化幅度较大，表明试样两端应力未处于平衡状态。试样两端的应力平衡状态在试样长径比 $L/D=0.5$ 时维持时间最长。研究发现，应力平衡因子 η 随试样长径比的增大，在峰值前后阶段保持在 0 值附近的时间逐渐变短，表明在动态冲击压缩下随长径比增大，千枚岩试样应力平衡状态维持时间在减少。同长径比下千枚岩层理倾角对应力平衡状态影响较小。

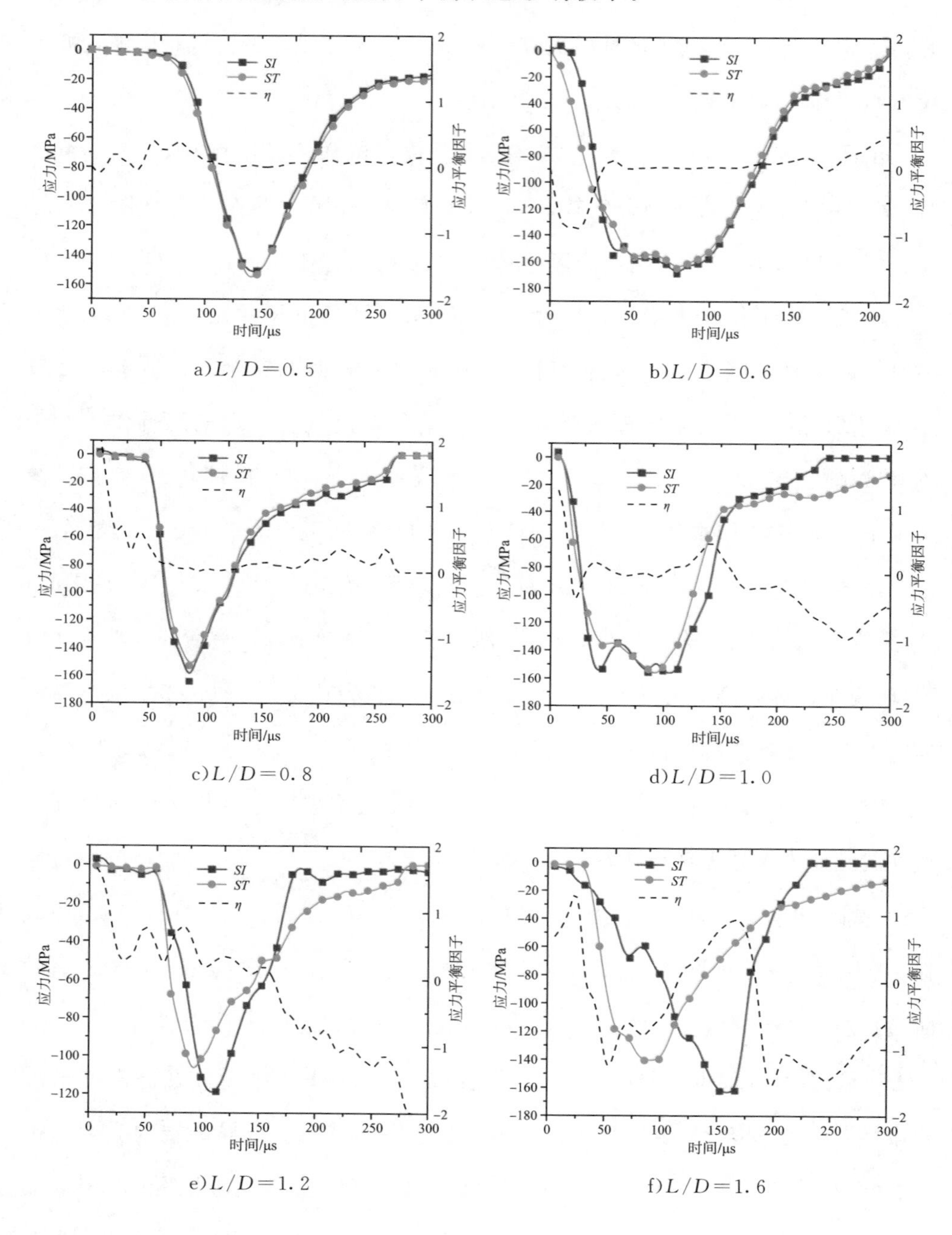

a) $L/D=0.5$

b) $L/D=0.6$

c) $L/D=0.8$

d) $L/D=1.0$

e) $L/D=1.2$

f) $L/D=1.6$

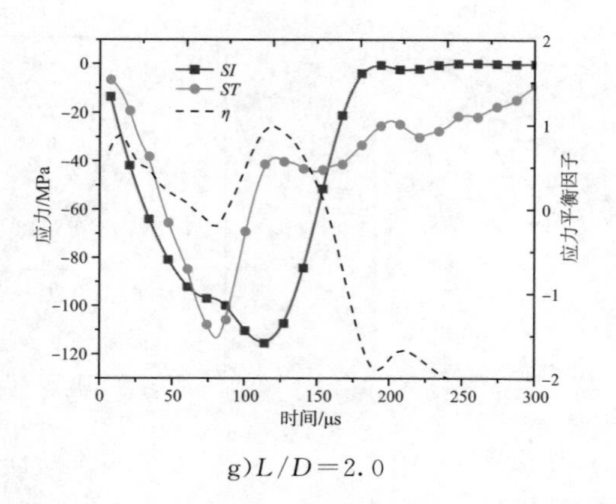

g) $L/D=2.0$

图 3-12 $\alpha=0°$不同长径比千枚岩试样的应力平衡程度

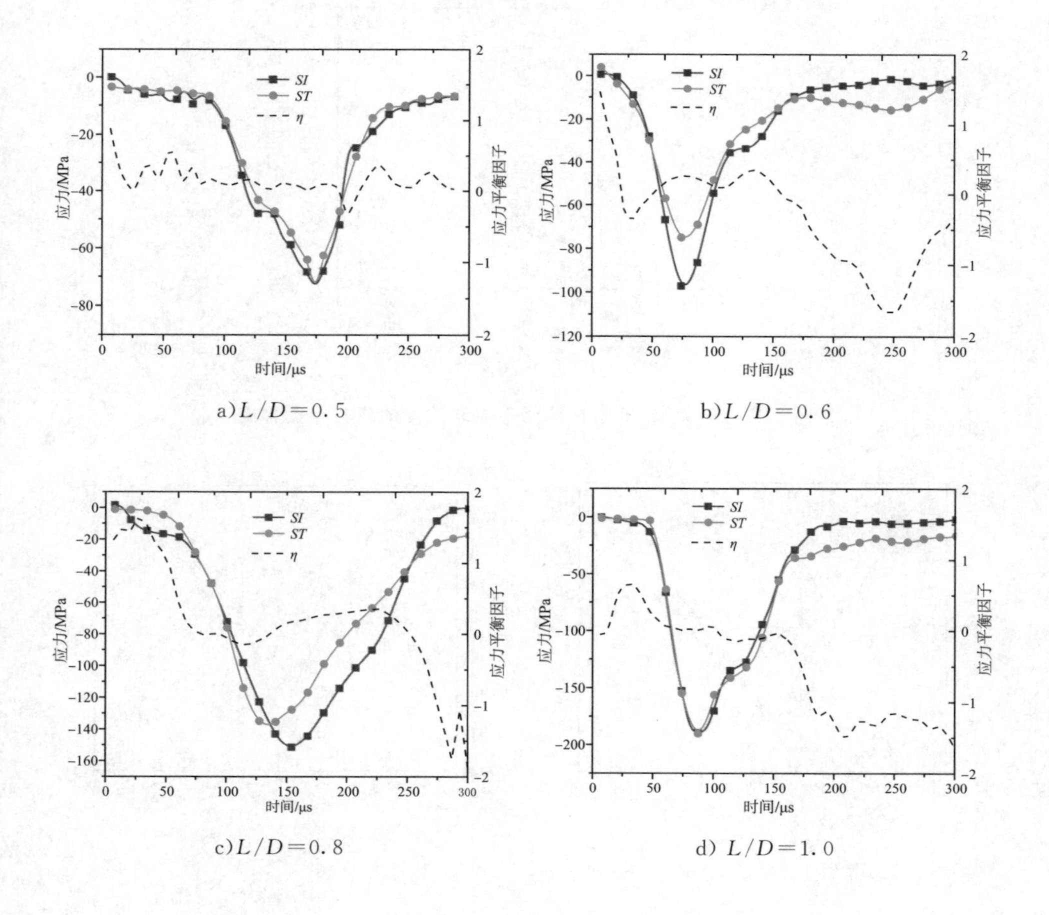

a) $L/D=0.5$ b) $L/D=0.6$

c) $L/D=0.8$ d) $L/D=1.0$

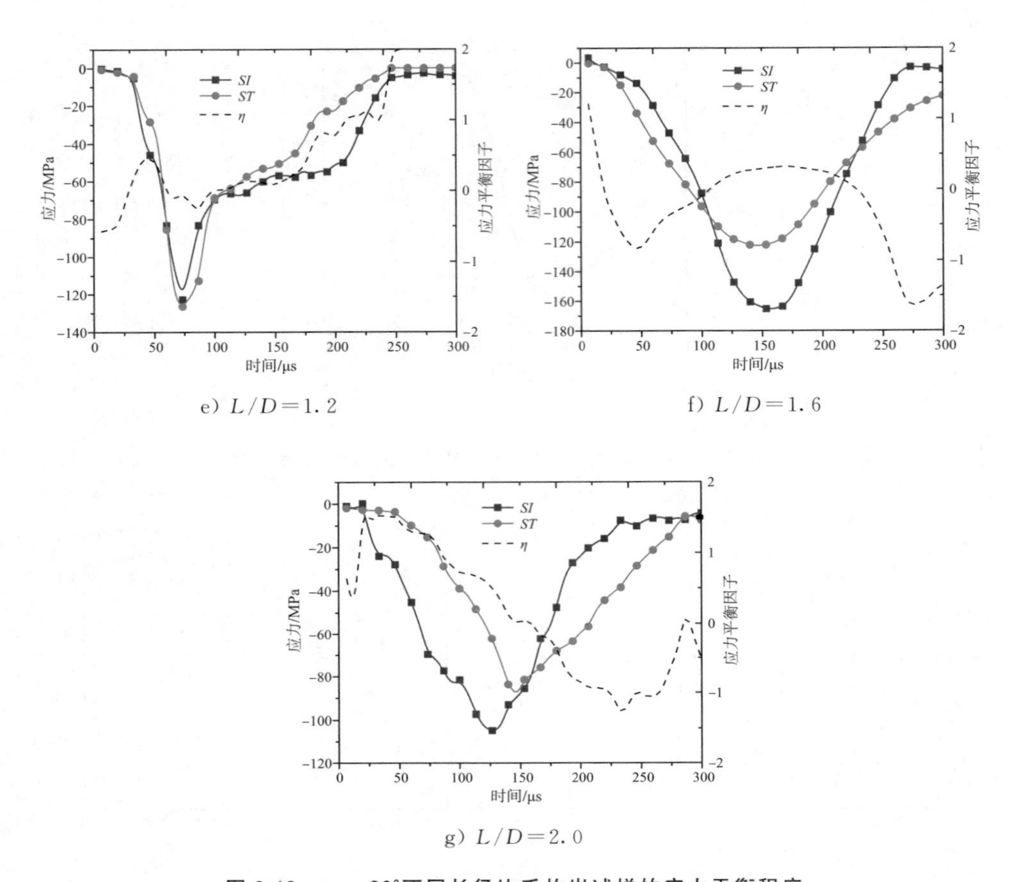

e) $L/D=1.2$　　f) $L/D=1.6$

g) $L/D=2.0$

图 3-13　$\alpha=30^{\circ}$不同长径比千枚岩试样的应力平衡程度

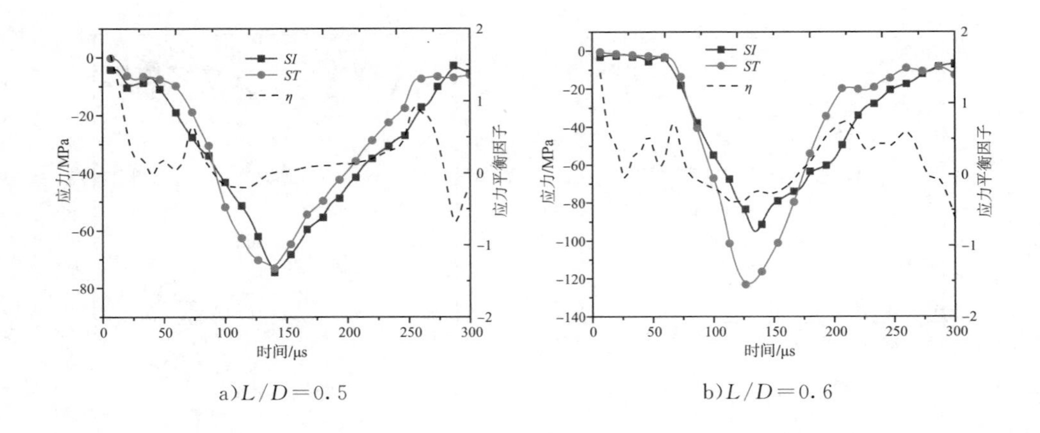

a) $L/D=0.5$　　b) $L/D=0.6$

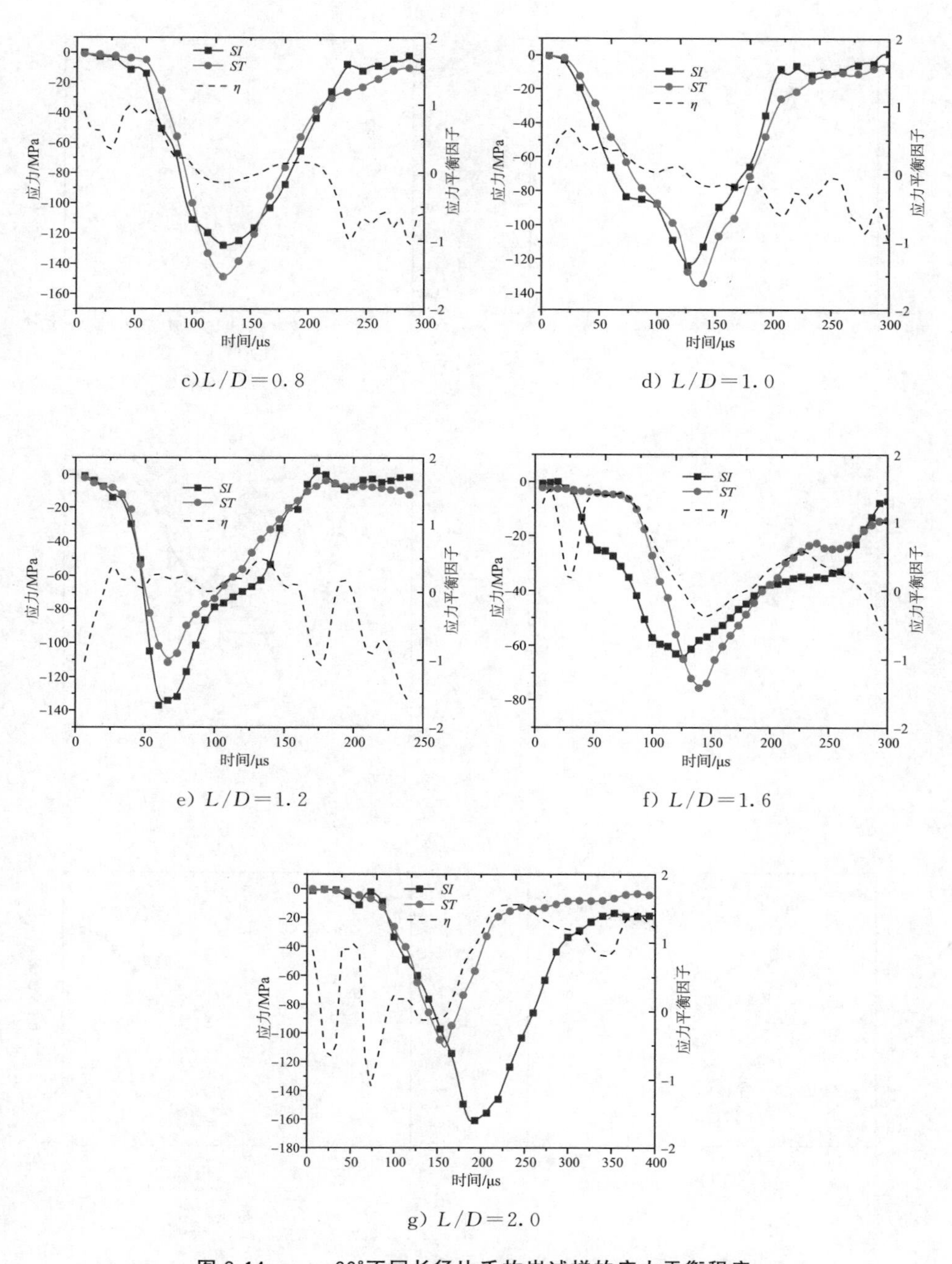

图 3-14　α =60°不同长径比千枚岩试样的应力平衡程度

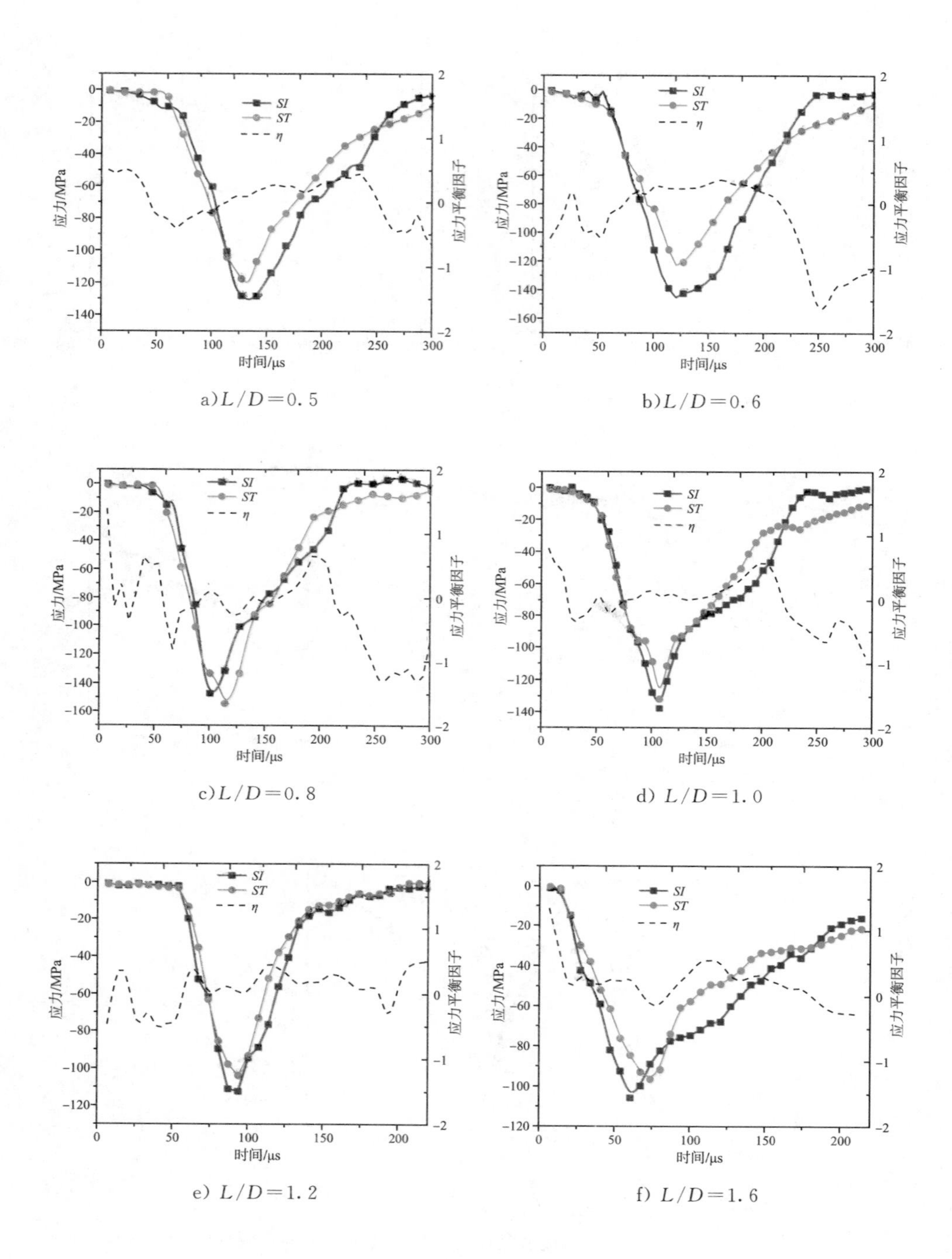

a) $L/D=0.5$

b) $L/D=0.6$

c) $L/D=0.8$

d) $L/D=1.0$

e) $L/D=1.2$

f) $L/D=1.6$

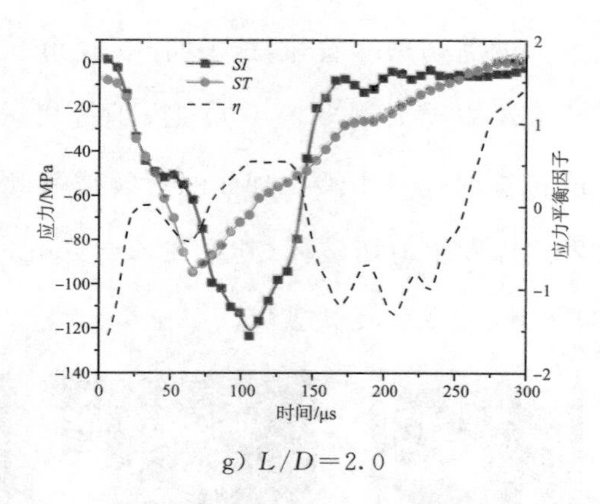

g) $L/D=2.0$

图 3-15 $\alpha=90°$不同长径比千枚岩试样的应力平衡程度

第六节 不同尺寸下千枚岩动态压缩宏观破裂模式分析

在千枚岩 SHPB 试验过程中，为了研究长径比对千枚岩破坏模式的影响，利用高速相机对不同长度的千枚岩的破坏形态进行记录，其结果如图 3-16～图 3-19 所示。

从图中可见，当 $\alpha=0°$时，千枚岩试样长度 L 在 25～30mm 范围时，发生贯穿层理面的压致张裂，破坏面基本垂直于层理面，由于千枚岩试样长度较小时，千枚岩抗压强度较大，因此在动态冲击压缩下，试样破坏后仍较完整；千枚岩试样长度 L 在 40～60mm 范围时，破坏面与层理面成一定倾角，发生剪切破坏，其中在长度 $L=40$mm 时，千枚岩试样只在局部发生剪切破坏，破坏区域较小；千枚岩试样长度 L 在 80～100mm 范围时，试样在拉应力作用下发生纵向层裂拉伸破坏。当 $\alpha=30°$时，千枚岩试样长度 L 在 25～50mm 范围时，发生沿层理面方向的剪切破坏；长度 L 在 60～80mm 范围时，千枚岩试样破坏类型为纵向层裂拉伸和轴向劈裂复合型破坏；在试样长度 $L=100$mm 条件下，千枚岩破坏类型为纵向层裂拉伸破坏。当 $\alpha=60°$时，千枚岩试样长度 L 在 25～100mm 范围时，发生沿层理面方向的剪切滑移破坏，这表明 60°倾角下千枚岩破坏模式受倾角效应影响比长径比效应要大。当 α =90°时，千枚岩试样长度 L 在 25～30mm 和 80～100mm 范围时均发生沿层理面的劈裂破坏，试样长度 L 在 40～60mm 范围时，千枚岩试样发生剪切破坏，其中在 L=50mm 条件下，千枚岩抗压强度较大，只是在局部区域发生轻微破坏。

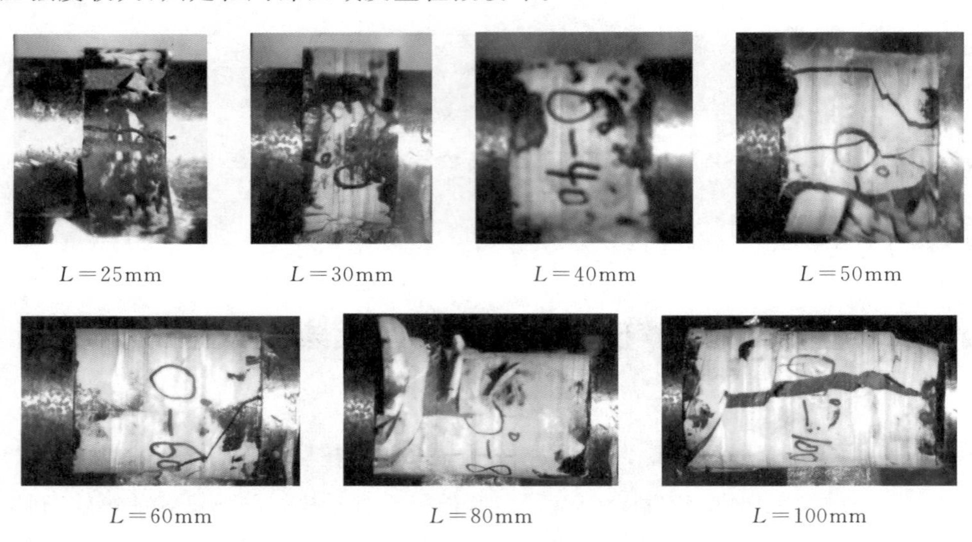

图 3-16　α=0°时不同长度千枚岩试样破坏模式

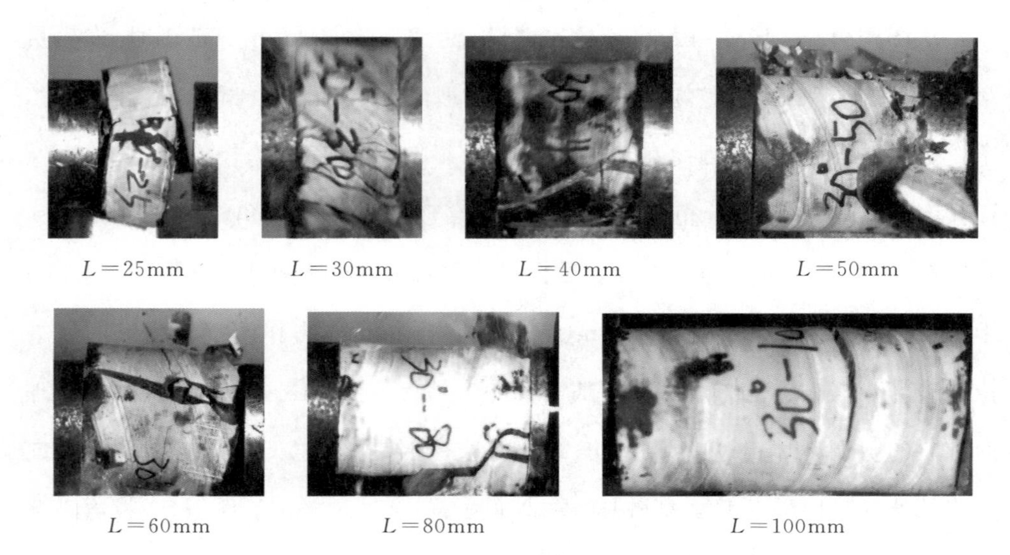

图 3-17　α=30°时不同长度千枚岩试样破坏模式

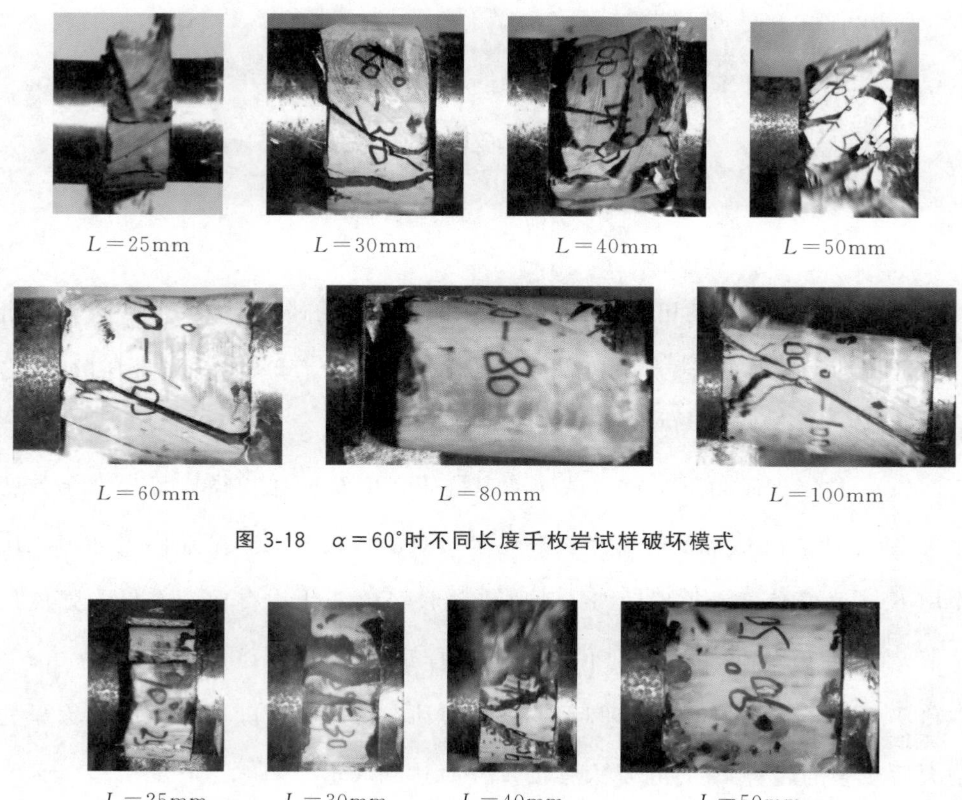

$L=25\text{mm}$ $L=30\text{mm}$ $L=40\text{mm}$ $L=50\text{mm}$

$L=60\text{mm}$ $L=80\text{mm}$ $L=100\text{mm}$

图 3-18 $\alpha=60°$时不同长度千枚岩试样破坏模式

$L=25\text{mm}$ $L=30\text{mm}$ $L=40\text{mm}$ $L=50\text{mm}$

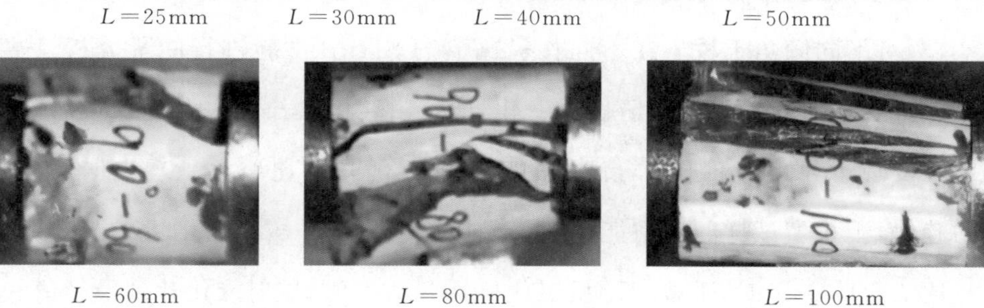

$L=60\text{mm}$ $L=80\text{mm}$ $L=100\text{mm}$

图 3-19 $\alpha=90°$时不同长度千枚岩试样破坏模式

第七节 小 结

本章以4种倾角下相同直径、不同长度千枚岩为研究对象，采用同一冲击气压进行冲击压缩试验，对千枚岩动态冲击压缩下的力学特性、能量耗散、应力平衡及破坏模式进行了尺寸效应研究，具体结果如下：

(1)4种层理倾角下千枚岩试样动态抗压强度与试样长径比呈二次函数变化关系，千枚岩峰值应变与试样长径比呈指数函数关系下降。在固定冲击气压作用下，4种倾角下千枚岩动态抗压强度随长径比变化均存在一个最大强度尺寸值，在0°、30°、60°、90°倾角下千枚岩试样最大强度长径比值分别为0.79、1.11、0.95、0.84。在4种层理倾角下，试样动态抗压强度随长径比的增大呈先增大后减小的趋势，在各自最大强度尺寸时达到峰值。

(2)对不同倾角千枚岩在不同长径比下的SHPB试验进行能量分析，入射能、反射能、透射能均呈现3阶段式变化，能量由缓慢增长到快速增长最后趋于稳定。发现4种倾角下千枚岩试样的反射能比随长径比增大呈现先增大后减小的趋势，千枚岩试样的透射能比随长径比增大呈现先减小后增大的趋势。在长径比$L/D=1.2$时，千枚岩的反射能比达到最大值，透射能比达到最小值。

(3)在应力平衡状态方面，研究发现4种倾角下千枚岩试样长径比在0.5～1.2范围时，σ_{SI}曲线和σ_{ST}曲线吻合度较好，应力平衡因子η在试样破坏前后阶段保持在0值附近，试样两端应力处于平衡状态。千枚岩试样长径比在1.6～2.0范围时，σ_{SI}曲线和σ_{ST}曲线离散性较大，应力平衡因子η在加载过程中变化幅度较大，此时试样两端应力未处于平衡状态。试样长径比$L/D=0.5$时，应力平衡因子η在0值附近持续时间最长，说明此时试样两端的应力平衡状态维持时间最长。

(4)千枚岩动态冲击下宏观破坏模式随层理倾角和长径比不同变化较大，当$\alpha=0°$时，千枚岩试样长度L在25～30mm范围时，发生贯穿层理面的压致张裂，破坏面基本垂直于层理面，千枚岩试样长度L在40～60mm范围时发生剪切破坏，千枚岩试样长度L在80～100mm范围时，破坏类型为纵向层裂拉伸破坏。当$\alpha=30°$时，千枚岩试样长度L在25～50mm范围时，发生沿层理面方向的剪切破坏；长度L在60～80mm范围时，破坏类型为层裂拉伸和轴向劈裂复合型破坏；在试样长度$L=100$mm条件下，破坏模式为纵向层裂拉伸破坏。当$\alpha=60°$时，千枚岩试样长度L在25～100mm范围时，发生沿层理面方向的剪切滑移破坏。当$\alpha=90°$时，千枚岩试样长度L在25～30mm和80～100mm范围时均发生沿层理面的劈裂破坏，L在40～60mm范围时，千枚岩试样发生剪切破坏。

第四章　干湿状态下层状千枚岩动态拉压力学特性研究

第一节　概　　述

自然界中的水与岩体之间会不断地发生物理、化学和力学作用，长期的水岩相互作用会直接影响岩体的强度和力学特性。干湿循环是水岩相互作用的常见方式之一，在干湿循环过程中，岩石改变了水的赋存状态，同时自身也受到水的反复侵蚀，干湿循环作用会造成岩土体岩性的劣化，进而影响其强度和变形，并对岩土工程的稳定性和耐久性产生重要影响。针对岩石干湿循环作用的研究，众多学者借助新设备、新技术、新理念，通过理论分析、室内试验、数值模拟等方法，主要围绕砂岩等不同类型岩石展开，已经取得了丰硕的研究成果，为岩石学科的发展、一线的工程应用均做出了巨大贡献。千枚岩自身特殊的层理构造使得其力学性能与其他类型岩石有明显的区别，已有的关于千枚岩的相关研究多以千枚岩各向异性特征为切入点，并兼顾考虑围压、含水率、冻融等影响因素，分析千枚岩的力学特征、宏微观破裂模式、流变特征。

根据试验方案确定的干湿循环处理方案对千枚岩进行劣化处理，并测得千枚岩密度、质量、尺寸、矿物组成等基本物理参数，借助千枚岩表观及质量变化，初步探察千枚岩的劣化情况。随后，对经过不同干湿循环劣化处理后的千枚岩，分别开展静态单轴压缩试验、静态巴西圆盘劈裂试验，分析不同干湿循环作用后，千枚岩应力-应变曲线变化规律。选取峰值抗压强度、峰值抗拉强度、峰值应变、弹性模量等力学参数，研究不同干湿循环处理后，千枚岩典型力学参数与干湿循环之间的变化规律。此外，还对千枚岩能量变化进行了分析，得出了千枚岩在干湿循环后动态拉压状态下的能量变化规律。

第二节　试验方案

（1）《煤和岩石物理力学性质测定方法　第5部分：煤和岩石吸水性测定方法》（GB/T 23561.5—2009）规定，岩石干湿循环应首先将岩样放入烘箱中干燥24h，干燥完成冷却至室温后，对岩样进行称重，做好记录。烘箱干燥温度按照第1次干燥时的烘箱温度设为110℃，以后每次干燥烘箱温度均设为60℃。

（2）将干燥后冷却至室温的岩样竖直放入真空饱和容器中饱和吸水24h，称为干湿循环1次。考虑到地下工程岩体的干湿交替环境，本试验吸水采用饱和浸水法。

在饱和吸水过程中，为尽可能排出岩样中的空气使其全面吸水，按照单次间隔2h，加水量淹没岩样1/4高度的要求开始饱水作业，直至液面高出试样顶面1～2cm；岩样底面不应与饱和桶底部直接接触，故在饱和桶底部布置间距为1～2cm的等直径塑料吸管，将岩样放置在圆形吸管上，同时注意保证试样保持1～2cm的间距。饱和完成后，用湿纱布擦去岩样表面水分，称重并做好记录。

（3）以此步骤重复施加干湿循环，分别完成岩样的1次、3次、5次、8次、11次干湿循环。

千枚岩动态压缩试样和动态拉伸试样的基本物理参数见表4-1和表4-2。

表 4-1 干湿循环作用下千枚岩试样基本物理参数

循环次数	试样编号	质量(g)	直径(mm)	高度(mm)	体积(cm^3)	密度(g/cm^3)
1	DY-gs-1-1	134.88	50.05	25.172	49.524	2.724
	DY-gs-1-2	134.73	50.01	25.148	49.398	2.727
3	DY-gs-3-1	135.08	50.02	25.192	49.504	2.729
	DY-gs-3-2	134.73	49.97	25.116	49.256	2.735
5	DY-gs-5-1	135.08	50.01	25.168	49.437	2.732
	DY-gs-5-2	135.37	50.03	25.212	49.563	2.731
8	DY-gs-8-1	135.27	50.04	25.188	49.536	2.731
	DY-gs-8-2	136.02	50.01	25.224	49.547	2.745
11	DY-gs-11-1	134.96	50.05	25.160	49.500	2.726
	DY-gs-11-2	135.77	50.00	25.224	49.527	2.741

表 4-2 干湿循环作用下千枚岩试样基本物理参数

循环次数	试样编号	质量(g)	直径(mm)	高度(mm)	体积(cm^3)	密度(g/cm^3)
1	DL-gs-n-1-1	131.80	49.24	25.424	48.414	2.722
	DL-gs-n-1-2	135.42	49.98	25.224	49.488	2.736
3	DL-gs-n-3-1	134.85	50.01	25.188	49.476	2.726
	DL-gs-n-3-2	133.29	49.98	25.104	49.252	2.706
5	DL-gs-n-5-1	134.94	49.92	25.176	49.275	2.739
	DL-gs-n-5-2	134.78	49.96	25.116	49.236	2.737
8	DL-gs-n-8-1	134.52	50.01	25.228	49.555	2.715
	DL-gs-n-8-2	134.83	50.02	25.088	49.300	2.735
11	DL-gs-n-11-1	134.70	49.97	25.164	49.350	2.729
	DL-gs-n-11-2	134.72	49.99	25.108	49.280	2.734

第三节　干湿循环作用下千枚岩动态压缩特性研究

一、不同干湿循环作用后千枚岩动态压缩应力-应变曲线关系分析

绘制不同干湿循环作用后千枚岩动态应力-应变曲线图，如图 4-1 所示。

如图 4-1 所示，不同干湿循环作用后，千枚岩动态压缩应力-应变曲线仍主要分为弹性变形阶段、屈服变形阶段和破坏阶段，裂隙压密阶段不明显，如上文所述，这主要与千枚岩自身层理构造有关。观察图 4-1 可以发现，不同干湿循环作用后，千枚岩动态压缩应力-应变曲线的屈服变形阶段均较为明显，分析认为，在循环往复的干湿劣化条件下，饱水作用提高了岩石内部原生及新扩展的微裂隙中的含水率，千枚岩的延性增强。不同干湿循环作用后，千枚岩峰后应力-应变曲线的残余强度衰减速度相对一致，也在一定程度上体现了饱水作用对千枚岩延性的强化。

分析图 4-1 可以发现，不同干湿循环作用后，千枚岩动态峰值抗压强度大致可以分为几种水平：干湿循环 0 次、1 次动态峰值抗压强度最高，干湿循环 3 次、5 次时次之，干湿循环 8 次、11 次时动态峰值抗压强度最低。进一步分析发现，3 种动态峰值抗压强度水平的干湿循环次数间隔分别对应 1 次、2 次、3 次，表明干湿循环作用下，千枚岩动态峰值抗压强度的衰减特点与干湿循环作用间隔次数有明显的正相关性。结合图 4-1 分析可知，干湿循环作用后，千枚岩动态峰值应变基本在 0.0002 上下浮动，小于温度循环作用后千枚岩的动态峰值应变。

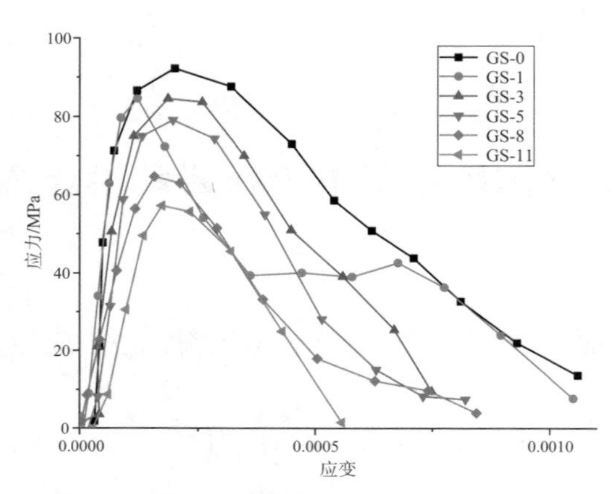

图 4-1　不同干湿循环作用后千枚岩动态应力-应变曲线图

二、不同干湿循环作用后千枚岩动态峰值抗压强度变化规律分析

本文从不同干湿循环作用后千枚岩动态压缩应力-应变曲线数据中提取动态峰值抗压强度，以干湿循环作用次数为横坐标绘制干湿循环作用后千枚岩动态峰值抗压强度变化散点图，同时，对散点图进行曲线拟合，从而更加定量化地分析不同干湿循环作用对千枚岩动态峰值抗压强度的劣化作用，具体如图 4-2 所示。

如图 4-2 所示，随着干湿循环次数的增加，千枚岩动态峰值抗压强度呈不断减小的变化规律，曲线拟合显示，千枚岩动态峰值抗压强度随着干湿循环次数的增加呈指数函数分布。从具体拟合线形来看，拟合获得的指数函数近似线性变化，拟合曲线变化特征与温度循环冷水降温条件下，千枚岩动态峰值抗压强度的拟合曲线相似，而在干湿循环 3 次、5 次时，拟合曲线表现出峰值抗压强度衰减速率相对较小的特点，具体拟合结果如式(4-1)所示，拟合度较高，达到 94%，基本能够准确反映出随着干湿循环次数的增加千枚岩动态峰值抗压强度的劣化规律。

$$y = e^{4.50218-0.02166x-0.00194x^2}, R^2 = 0.9442 \tag{4-1}$$

式中：x 为干湿循环次数，y 为动态峰值抗压强度。

依据图 4-2 所示的不同干湿循环作用后千枚岩动态峰值抗压强度试验数据定量分析可知，干湿循环 1～11 次时，千枚岩动态峰值抗压强度环比减小分别为 8.42％、0％、6.33％、18.37％、11.53％，干湿循环 8 次、11 次时，千枚岩动态峰值抗压强度环比降幅显著增大。通过对动态峰值抗压强度降幅数据进行分析发现，随着干湿循环间隔次数的增加，千枚岩动态峰值抗压强度的环比降幅也在稳步扩大。

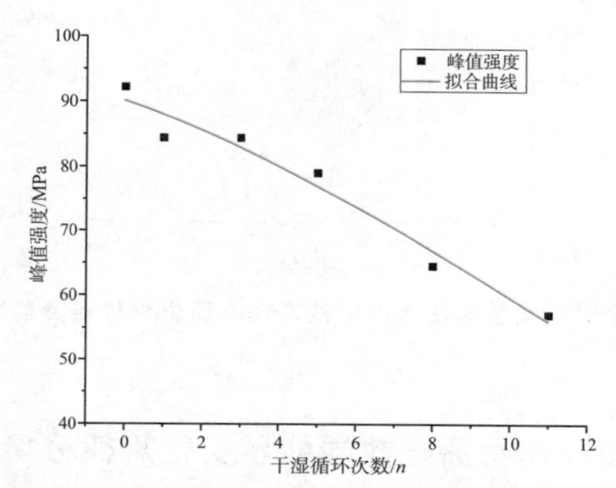

图 4-2　不同干湿循环作用后千枚岩动态峰值抗压强度的变化规律

三、不同干湿循环作用后千枚岩动态压缩弹性模量变化规律分析

以不同干湿循环作用次数为横坐标绘制千枚岩动态压缩弹性模量随干湿循环次数增加的试验数据散点图，并进行曲线拟合，具体如图 4-3 所示。

如图 4-3 所示，随着干湿循环次数的增加，千枚岩动态压缩弹性模量呈现不断劣化的规律，与温度循环作用后的千枚岩动态压缩弹性模量相比，衰减规律性明显。通过对试验数据进行拟合发现，千枚岩动态压缩弹性模量随着干湿循环次数的增加服从指数函数的衰减规律，具体拟合结果如式(4-2)所示，拟合度达到 85％，基本能够反映出千枚岩动态压缩弹性模量的劣化规律。

$$y=e^{7.39811-0.1761x+0.00673x^2}, R^2=0.85395 \tag{4-2}$$

式中：x 为干湿循环次数，y 为动态压缩弹性模量。

分析图 4-3 所示动态压缩弹性模量试验数据可知，干湿循环 8 次时，千枚岩动态压缩弹性模量的环比降幅超过 50%，降幅最大，这与动态峰值抗压强度的劣化规律一致。

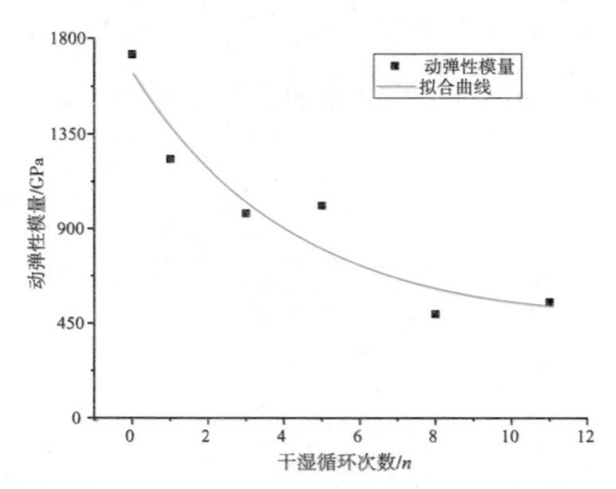

图 4-3　不同干湿循环作用后千枚岩动态压缩弹性模量的变化规律

四、不同干湿循环作用后千枚岩能量变化规律分析

基于 SHPB 开展岩石动态压缩冲击试验，千枚岩的入射能、反射能、透射能、耗散能时程曲线的线形、增长变化情况、稳定阶段能量值的大小关系等均主要与 SHPB 试验系统、压缩试验形式有关，水温循环作用没有影响到千枚岩 4 种能量时程曲线的整体规律性。

如图 4-4 所示，不同干湿循环作用后，千枚岩反射能时程曲线稳定阶段的能量值以 40J 为基准值上下浮动。相比温度循环作用后，自然降温条件下，千枚岩反射能时程曲线稳定阶段能量值均小于 40J，冷水降温条件下，千枚岩反射能时程曲线稳定阶段能量值均大于 40J。干湿循环作用后，千枚岩反射能时程曲线稳定阶段能量值离散性更低，均分布在 40J 附近。同时发现，与温度循环作用相比，干湿循环作用后，千枚岩反射能时程曲线快速增长阶段能量增长的协调性更强。

如图 4-5 所示，不同干湿循环作用后，千枚岩透射能时程曲线稳定阶段的能量值普遍小于 20J。随着干湿循环次数的增加，透射能时程曲线稳定阶段能量值变化整体上没有明显的规律，但当干湿循环次数增加到 8 次、11 次时，透射能时程曲线稳定阶段能量值要明显小于其他干湿循环情况下的能量值，其中以干湿循环 11 次时表现最为明显，其透射能时程曲线稳定阶段能量值也小于温度循环作用 11 次情况下的能量值。

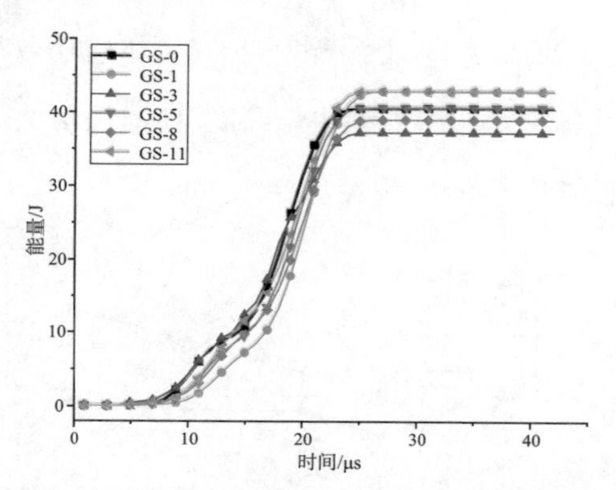

图 4-4　不同干湿循环作用后千枚岩反射能时程曲线图

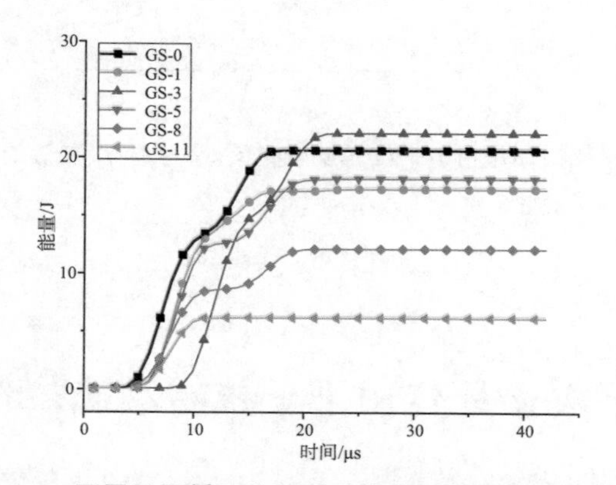

图 4-5　不同干湿循环作用后千枚岩透射能时程曲线图

千枚岩反射能比、透射能比、耗散能比随着干湿循环次数的增加变化的数据图，如图 4-6 所示。据图 4-6 分析，干湿循环作用后千枚岩反射能比、透射能比、耗散能比的变化规律与温度循环作用规律一致，即随着干湿循环次数的增加，反射能比、耗散能比呈动态增加趋势，透射能比呈动态减小趋势。具体分析图4-6，与温度循环作用相比，不同干湿循环作用后，千枚岩反射能比基本稳定，增幅很小，随着干湿循环次数的增加，反射能比逐渐迫近40%。当干湿循环次数超过3次后，千枚岩透射能比近似线性下降，而耗散能比近似线性增加。千枚岩耗散能比随着干湿循环次数的增加不断提高的原因分析在上文已有详细介绍，此处不再赘述。细致看来，干湿循环1～5次时，耗散能比增幅基本一致，干湿循环5～11次时，耗散能比增幅基本一致，且增幅更大，耗散能比的增幅与干湿循环次数间隔具有明显的正相关性。

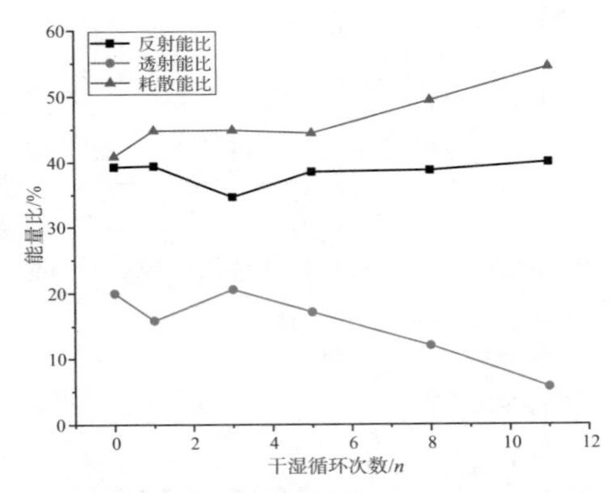

图4-6 不同干湿循环作用下千枚岩反射能比、透射能比、耗散能比变化规律图

第四节 干湿循环作用下千枚岩动态拉伸特性研究

一、不同干湿循环作用后千枚岩动态拉伸应力-应变曲线关系分析

绘制不同干湿循环作用后千枚岩动态拉伸应力-应变曲线图，具体如图4-7所示。

如图4-7所示，不同干湿循环作用后，千枚岩动态拉伸应力-应变曲线仍可分为极速弹性变形阶段、屈服变形阶段、破坏变形阶段。在干湿循环 0～1 次时，千枚岩动态拉伸应力-应变曲线的极速弹性变形阶段和屈服变形阶段增长规律基本一致，同时，由于自由水的 Stefan 效应，干湿循环 1 次后，千枚岩动态峰值抗拉强度出现一定增长。当干湿循环次数超过 1 次时，千枚岩极速弹性变形阶段不断缩短，屈服变形阶段的应变增长速率不断提高，峰前应力-应变曲线逐渐相互分离，动态峰值抗拉强度不断减小。同时，干湿循环作用 3～8 次时，千枚岩峰后应力-应变曲线残余强度衰减速率较低，有明显的延性变形特征，而当干湿循环作用达到 11 次时，水温耦合劣化作用深化，千枚岩动态峰值抗拉强度大幅降低，峰后曲线残余强度衰减速率加快。

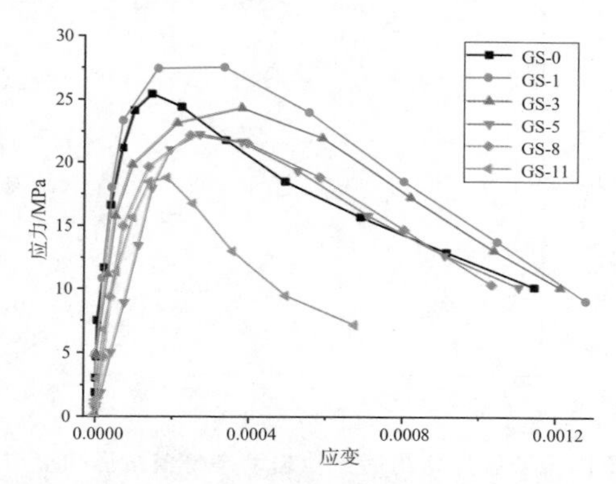

图 4-7　不同干湿循环作用后千枚岩动态拉伸应力-应变曲线图

二、不同干湿循环作用后千枚岩动态峰值抗拉强度变化规律分析

以干湿循环作用次数为横坐标绘制不同干湿循环作用后千枚岩动态峰值抗拉强度变化散点图，同时，对散点图进行曲线拟合，定量化描述不同干湿循环作用后千枚岩动态峰值抗拉强度的劣化规律，具体如图 4-8 所示。

如图 4-8 所示，曲线拟合显示，随着干湿循环次数的增加，千枚岩动态峰值抗拉强度呈指数函数变化趋势。同时，拟合获得的指数函数近似线性变化，拟合结果与温度循环冷水降温条件下千枚岩动态抗拉强度的拟合曲线线形相似，具体拟合结果如式(4-3)所示,拟合度几乎达到88%,能够基本反映干湿循环作用后千枚岩动态峰值抗拉强度的劣化规律。

$$y=e^{3.27161-0.02033x-0.0009x^2}, R^2=0.87955 \tag{4-3}$$

式中:x 为干湿循环次数,y 为动态峰值抗拉强度。

如图4-8所示,不同干湿循环作用后,对千枚岩动态峰值抗拉强度试验数据进行定量分析可知,干湿循环1~11次时,千枚岩动态峰值抗压强度环比分别减小-7.70%、11.05%、8.63%、0.48%、15.44%,干湿循环11次时,千枚岩动态峰值抗拉强度环比降幅最大,其动态拉伸力学特性劣化最为明显。

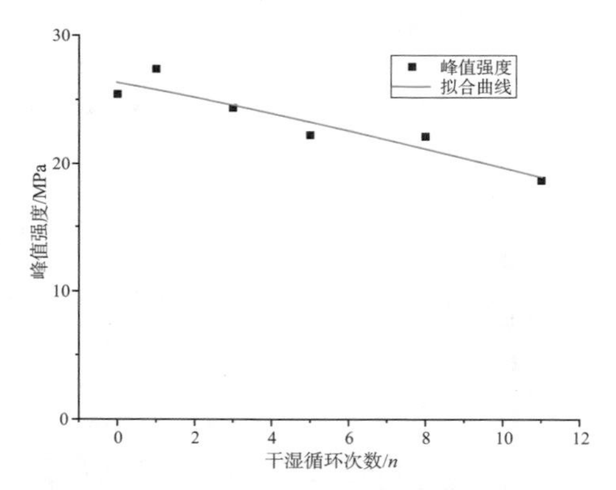

图4-8 不同干湿循环作用后千枚岩动态峰值抗压强度变化规律图

三、不同干湿循环作用后千枚岩动态拉伸弹性模量变化规律分析

以不同干湿循环作用次数为横坐标绘制千枚岩动态拉伸弹性模量试验数据点线图,具体如图4-9所示。

观察图4-9可知,随着干湿循环次数的增加,千枚岩动态拉伸弹性模量总体呈动态下降的变化趋势。干湿循环1次时,千枚岩动态拉伸弹性模量出现暂时的增大,当干湿循环1~5次时,千枚岩动态拉伸弹性模量快速下降,当干湿循环5~11次时,千枚岩动态拉伸弹性模量处于动态波动状态,再未出现明显下降。

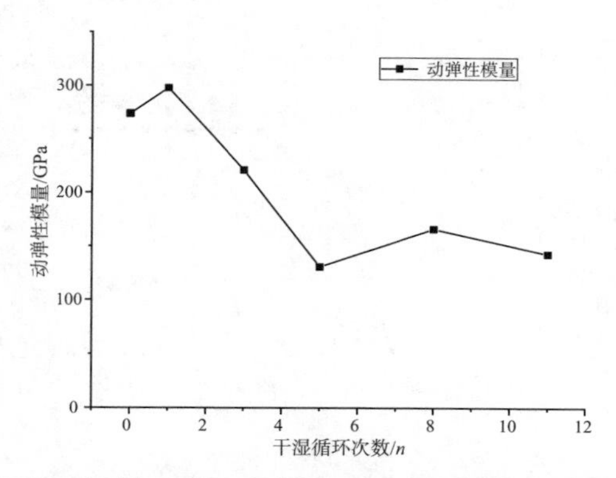

图 4-9 不同干湿循环作用后千枚岩动态拉伸弹性模量变化规律图

四、不同干湿循环作用后千枚岩能量变化规律分析

基于 SHPB 的千枚岩动态拉伸试验，其入射能、反射能、透射能、耗散能时程曲线的线形、增长变化情况、稳定阶段能量值的大小关系等均主要与 SHPB 试验系统、动态拉伸试验形式有关，不同劣化条件的影响很小。本章动态冲击试验均采用 0.2MPa 的冲击气压，千枚岩入射能时程曲线稳定阶段能量值保持在 100～120J 的能量水平。

如图 4-10 所示，干湿循环作用后，千枚岩反射能时程曲线稳定阶段能量值均要大于自然状态下的能量值，与温度循环作用后的规律一致。如图 4-11 所示，自然状态下，千枚岩透射能时程曲线稳定阶段能量约为 2J，经干湿循环作用后，千枚岩透射能时程曲线稳定阶段能量值均小于自然状态时，当干湿循环达到 8 次、11 次时，其稳定阶段能量值出现显著下降，变化规律与温度循环情况下一致。

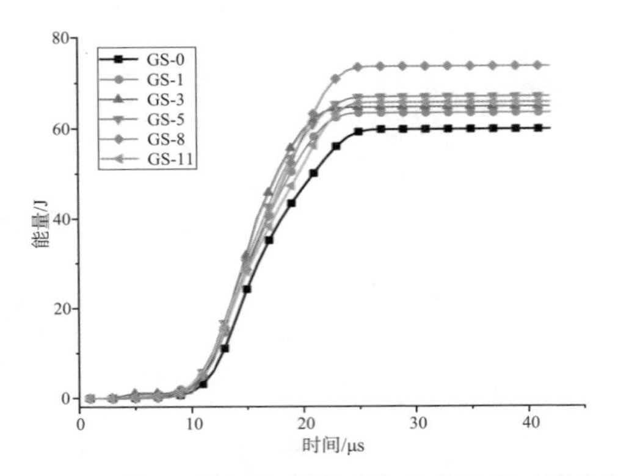

图 4-10　不同干湿循环作用后千枚岩反射能时程曲线图

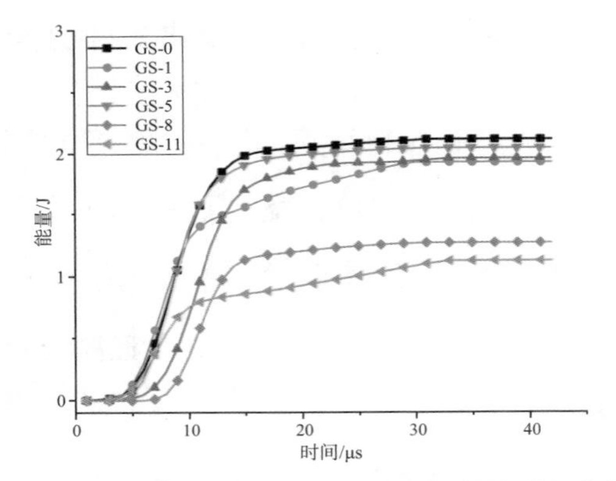

图 4-11　不同干湿循环作用后千枚岩透射能时程曲线图

图 4-12 反映了干湿循环作用后，千枚岩反射能比、透射能比、耗散能比的变化情况。观察图 4-12 可知，随着干湿循环作用次数的增加，千枚岩反射能比呈不断增加趋势，透射能比、耗散能比呈不断减小的趋势。如图 4-12 所示，干湿循环作用后，千枚岩耗散能比均小于 40%，与温度循环冷水降温条件下情况一致。从增长规律进行细致分析，相比温度循环冷水降温条件，干湿循环 0～3 次时，千枚岩耗散能比即发生降低。干湿循环 3 次后，耗散能比呈波动下降趋势。干湿循环作用强化了干湿循环 0～3 次时对千枚岩力学性能的劣化效果。当干湿循环次数超过 3 次时，千枚岩耗散能比并未出现明显低

于温度循环冷水降温条件下千枚岩耗散能比的现象，这表明：与温度循环冷水降温条件相比，干湿循环作用未在千枚岩拉伸力学性能劣化效果上表现出明显的优势。

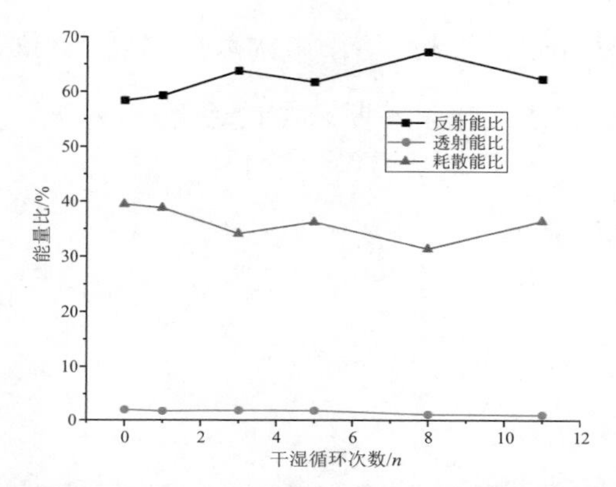

图 4-12 不同干湿循环作用下千枚岩反射能比、透射能比、耗散能比变化规律图

第五节 小 结

(1)干湿循环处理后，千枚岩的动态压缩峰值抗压强度、弹性模量、峰值应变均呈现出不同程度的劣化，劣化规律均服从指数分布规律。自然状态的千枚岩，脆性破坏特征明显，干湿循环处理后，千枚岩峰前应力-应变曲线屈服阶段较短或消失，峰后应力-应变曲线呈现渐进破坏特征。此外，随干湿循环次数的增加，透射能时程曲线稳定阶段能量值变化整体没有明显规律，但增加到 8 次、11 次时，透射能时程曲线稳定阶段能量值要明显小于其他干湿循环情况下的能量值。反射能比逐渐接近 40％。当干湿循环次数大于 3 次后，千枚岩透射能比近似线性下降，而耗散能比则近似线性增加。

(2)干湿循环处理后，千枚岩的动态拉伸峰值强度、弹性模量、峰值应变均也呈现出不同程度的劣化。千枚岩动态拉伸应力-应变曲线不存在屈服变形阶段,随着加载应力的增加,千枚岩峰前应力-应变曲线近似线性增长,当加载应力达到峰值强度后,千枚岩发生拉伸破坏,峰后应力-应变曲线骤降,岩石残余强度迅速丧失。此外,随着干湿循环作用次数的增加,千枚岩反射能比呈不断增加趋势,透射能比、耗散能比呈不断减小的趋势。

第五章　不同温度循环下千枚岩动态拉压力学特性研究

第一节　概　　述

当前针对岩石各向异性特征的研究主要基于静态试验条件下开展，针对岩石动力学性质的研究主要集中在页岩、砂岩、煤等类型的岩石上，对于千枚岩在动态试验条件下的各向异性特征及力学性质的研究较少。千枚岩大量分布于我国中西部隧道中，其具有的变形特征及软弱性质对隧道工程建设的推进产生了巨大阻碍，因此开展劣化条件下千枚岩的动态拉压试验，能够为千枚岩软岩隧道的建设提供有效的理论数据支撑。

为深入揭示水、温度两种因素影响下千枚岩的物理力学特性，选取 0°层理的千枚岩为研究对象，对千枚岩开展水温循环下的动态拉压力学特性研究。水温循环作用可分为温度循环自然降温作用、温度循环冷水降温作用和干湿循环作用，在三种劣化条件下，采用分离式霍普金森试验系统（SHPB）开展 0.2MPa 冲击气压下的动态单轴拉伸和压缩试验，绘制千枚岩动态拉压过程中应力-应变曲线，提取千枚岩动态峰值抗压强度、动弹性模量等关键力学参数，分析不同温度循环、干湿循环作用对千枚岩典型动态拉伸压缩力学参数的劣化规律。而后，从能量变化角度出发，在分析千枚岩入射能、反射能、透射能时程曲线变化的基础上，以千枚岩破坏耗能为重点，分析千枚岩入射能、反射能、透射能时程曲线变化规律的基础之上，分析不同水温循环作用后，千枚岩动态拉伸和压缩破坏耗能变化规律。最后通过千枚岩动态拉伸压缩冲击后的破碎残片进行宏观破坏模式分析，并在对破碎残片筛分的基础上，提出碎块平均尺寸、分形维数参数，结合动态峰值强度，分析不同水温循环作用后，千枚岩动态拉压性能的劣化规律。基于以上分析，全面阐述不同温度循环条件下千枚岩动态拉压力学特性。

第二节　试验方案

(1)筛选完成的岩样按照要求编码后，放入烘箱中，以 4℃/min 的加热速率加热到 100℃，保温 4h 确保岩样内部能够均匀受热；

(2)加热完成的岩样分别采用自然冷却和冷水降温两种方式冷却至室温，称为 1 次温度循环；

(3)以此步骤重复施加温度循环，分别完成岩样 1 次、3 次、5 次、8 次、11 次温度循环。

千枚岩动态压缩试样和动态拉伸试样的基本物理参数见表 5-1 和表 5-2。

表 5-1　温度循环作用下千枚岩试样基本物理参数

岩样类型	循环次数	试样编号	质量(g)	直径(mm)	高度(mm)	体积(cm^3)	密度(g/cm^3)
自然状态	0	DY-wd-0-1	134.93	50.04	25.176	49.512	2.725

续表

岩样类型	循环次数	试样编号	质量(g)	直径(mm)	高度(mm)	体积(cm^3)	密度(g/cm^3)
自然降温	1	DY-wd-n-1-1	135.0	50.05	25.156	49.493	2.728
		DY-wd-n-1-2	136.01	50.05	25.248	49.674	2.738
	3	DY-wd-n-3-1	134.66	50.01	25.184	49.469	2.722
		DY-wd-n-3-2	135.86	50.00	25.216	49.512	2.744
	5	DY-wd-n-5-1	135.03	50.05	25.144	49.469	2.730
		DY-wd-n-5-2	135.51	50.00	25.216	49.512	2.737
	8	DY-wd-n-8-1	134.87	50.01	25.140	49.382	2.731
		DY-wd-n-8-2	136.29	49.98	25.236	49.511	2.753
	11	DY-wd-n-11-1	134.93	50.02	25.188	49.496	2.726
		DY-wd-n-11-2	135.73	50.00	25.256	49.590	2.737
冷水降温	1	DY-wd-w-1-1	135.09	49.99	25.160	49.382	2.736
		DY-wd-w-1-2	135.23	49.98	25.228	49.495	2.732
	3	DY-wd-w-3-1	134.55	50.03	25.152	49.445	2.721
		DY-wd-n-3-2	135.51	49.96	25.260	49.519	2.737
冷水降温	5	DY-wd-w-5-1	135.03	49.99	25.160	49.382	2.734
		DY-wd-w-5-2	135.94	49.99	25.196	49.452	2.749
	8	DY-wd-w-8-1	134.87	49.99	25.128	49.319	2.735
		DY-wd-w-8-2	135.93	49.99	25.240	49.539	2.744
	11	DY-wd-w-11-1	135.22	50.04	25.168	49.496	2.732
		DY-wd-w-11-2	135.79	49.97	25.184	49.389	2.749

表 5-2　温度循环作用下千枚岩试样基本物理参数

试验类型	岩样类型	循环次数	试样编号	质量(g)	直径(mm)	高度(mm)	体积(cm³)	密度(g/cm³)
动态拉伸	自然状态	0	DL-wd-0-1	134.33	50.00	25.144	49.370	2.721
	自然降温	1	DL-wd-n-1-1	134.75	50.04	25.184	49.528	2.721
			DL-wd-n-1-2	135.47	50.00	25.244	49.566	2.733
		3	DL-wd-n-3-1	133.96	50.09	25.188	49.635	2.699
			DL-wd-n-3-2	135.47	50.00	25.248	49.574	2.733
		5	DL-wd-n-5-1	135.12	50.03	25.248	49.634	2.722
			DL-wd-n-5-2	135.70	49.97	25.24	49.499	2.741
		8	DL-wd-n-8-1	134.97	50.07	25.180	49.579	2.722
			DL-wd-n-8-2	134.53	50.00	25.116	49.315	2.728
		11	DL-wd-n-11-1	135.01	50.05	25.236	49.650	2.719
			DL-wd-n-11-2	133.89	49.95	25.06	49.107	2.727
	冷水降温	1	DL-wd-w-1-1	135.14	50.02	25.212	49.543	2.728
			DL-wd-w-1-2	135.47	49.99	25.252	49.562	2.733
		3	DL-wd-w-3-1	135.34	50.01	25.176	49.453	2.737
			DL-wd-n-3-2	135.47	49.98	25.28	49.597	2.731
		5	DL-wd-w-5-1	134.87	50.01	25.16	49.421	2.729
			DL-wd-w-5-2	135.70	49.98	25.20	49.441	2.745
		8	DL-wd-w-8-1	134.97	50.04	25.16	49.481	2.728
			DY-wd-w-8-2	135.93	49.99	25.240	49.539	2.744
		11	DY-wd-w-11-1	135.22	50.04	25.168	49.496	2.732
			DY-wd-w-11-2	135.79	49.97	25.184	49.389	2.749

第三节 温度循环后千枚岩动态压缩特性研究

选取不同水温循环处理后具有代表性的千枚岩动态压缩应变率时程曲线图，如图 5-1 a)所示。霍普金森动态压缩冲击作用下，千枚岩的应变率时程曲线存在一段明显的应变率平衡段，认为在应变率平衡时期，受到动力压缩冲击的千枚岩两端面处于应力平衡状态。如图 5-1 b)所示，取千枚岩应变率时程曲线平衡段应变率的平均值作为单个岩样动态压缩试验的应变率标准值。

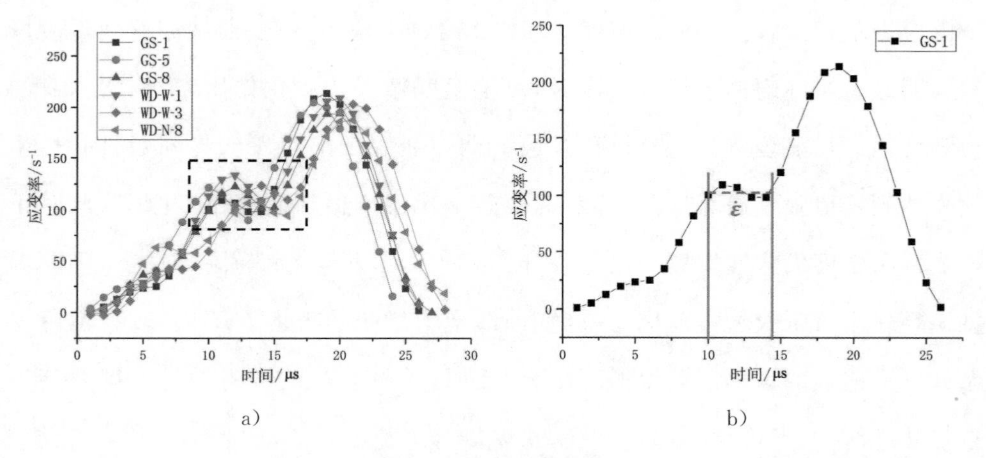

图 5-1 应变率计算示意图

一、不同温度循环作用后千枚岩动态应力-应变曲线关系分析

依据 SHPB 岩石动力学研究理论，对试验数据进行处理计算后，得到如图 5-2 所示的不同温度循环作用后千枚岩动态压缩应力-应变曲线。

如图 5-2 所示为不同温度循环在自然降温和冷水降温两种降温方式下的千枚岩动态压缩应力-应变曲线。已有的研究成果表明，岩石的应力-应变曲线变化规律通常被划分为4个具有代表性的阶段，分别为裂隙压密阶段、弹性变形阶段、屈服变形阶段、破坏阶段。由图5-2可见，千枚岩动态压缩应力-应变曲线的裂隙压密阶段不明显，主要包括弹性变形阶段、屈服变形阶段和破坏阶段。分析认为，此现象可能与千枚岩层理构造有关，千枚岩虽为不良软岩，但其作为浅变质岩，在长期地质作用下，层理之间已经十分致密。同时，本文试验采用0°层理倾角的千枚岩，试验中，千枚岩试样被夹持在入射杆与透射杆之间，其0°水平层理与子弹冲击发出的应力波方向呈90°垂直关系，在垂直于层理方向的高速冲击应力作用下，千枚岩的裂隙压密阶段大为缩短，以致在应力-应变曲线上难以得到反映。

如图5-2 a)所示，不同温度循环自然降温条件下，千枚岩峰前应力-应变曲线的应力增长均较为协调。温度循环0～5次时，应力-应变曲线屈服变形阶段较为明显。当温度循环超过5次时，由于温度循环的劣化作用，千枚岩本身的力学性质已经显著降低，使得应力-应变曲线屈服变形阶段明显缩短，同时，千枚岩达到峰值强度破坏后，其峰后曲线较8次温度循环之前更“陡峭”，此时千枚岩残余强度失效速度更为迅速。如图5-2 b)所示，冷水降温条件下，不同温度循环作用后千枚岩峰前应力-应变曲线应力增长速度各有不同，较自然降温条件下有明显的区别。温度循环1～3次时，千枚岩峰前应力增长速度要高于自然状态时，当温度循环超过3次，水温耦合劣化效果逐渐显著，千枚岩峰前应力增长速度开始小于自然状态时，其中以温度循环11次时，水温耦合劣化效果最为明显。温度循环冷水降温条件下，千枚岩应力-应变曲线屈服变形阶段无明显变化，而千枚岩峰后应力-应变曲线衰减趋势均较为平缓，有明显的延性破坏特点。

结合图5-2进行分析，温度循环两种降温条件下，千枚岩动态峰值抗压强度均发生明显的劣化衰减。如图5-2 a)所示，不同温度循环自然降温条件下，千枚岩动态峰值应变均在0.0004上下浮动，无明显的劣化规律。如图5-2 b)

所示,冷水降温条件下,温度循环超过 3 次后,千枚岩动态峰值应变有明显的增大,其延性增强。

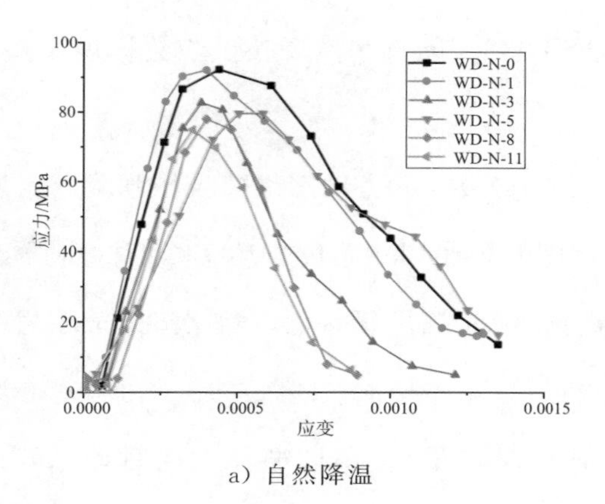

a) 自然降温

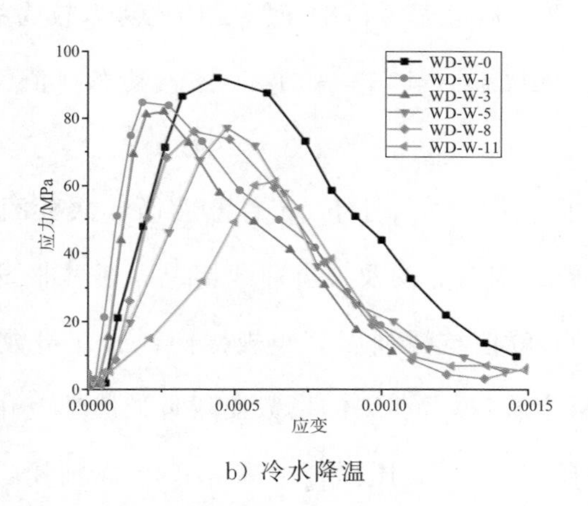

b) 冷水降温

图 5-2 不同温度循环作用后千枚岩动态压缩应力-应变曲线

二、不同温度循环作用后千枚岩动态峰值抗压强度变化规律分析

为进一步定量化、精准化地分析不同温度循环作用对千枚岩动态峰值抗压强度的劣化影响,本文从千枚岩动态压缩应力-应变曲线中提取动态峰值抗压强度,以温度循环次数为横坐标绘制温度循环作用后千枚岩动态峰值抗压强度变化散点图,并对散点图进行曲线拟合,具体如图 5-3 所示。

图 5-3 a)展示了不同温度循环自然降温条件下千枚岩动态峰值抗压强度

的试验数据及拟合曲线变化情况。曲线拟合显示，自然降温条件下，随着温度循环次数的增加，千枚岩动态峰值抗压强度服从指数分布规律，拟合公式如式(5-1)所示，拟合度达到93%，能够基本反映试验数据规律。

$$y = e^{4.53372-0.03934x+0.00182x^2}, R^2 = 0.9343 \tag{5-1}$$

式中：x 为温度循环次数，y 为动态峰值抗压强度。

定义相邻两次温度循环作用下千枚岩动态峰值抗压强度的衰减率为环比。分析图 5-3 a)试验数据可知，温度循环 1～11 次时，千枚岩动态峰值抗压强度环比减小分别为 0.35%、10.15%、3.71%、2.15%、3.89%。温度循环 1 次时千枚岩动态峰值抗压强度降幅最低，温度循环 3 次时动态峰值抗压强度降幅最大，当温度循环超过 3 次后动态峰值抗压强度环比降幅较为稳定，均保持在 2%～4%，由此认识到，温度循环 1～3 次时，千枚岩动态峰值强度劣化效果最为显著。

图 5-3 b)展示了冷水降温条件下，随着温度循环次数的增加，千枚岩动态峰值抗压强度的试验数据散点图及拟合曲线情况。通过曲线拟合发现，冷水降温条件下，千枚岩动态峰值抗压强度衰减规律同样服从指数分布规律，但从图 5-3 b)所示拟合结果来看，拟合获得的指数曲线近似线性变化，与自然降温条件下的拟合曲线有明显的区别，具体拟合结果如式(5-2)所示，拟合度达到 85%，拟合曲线能够较为准确地反映试验数据的变化规律。

$$y = e^{4.49156-0.02155x-0.00087x^2}, R^2 = 0.8546 \tag{5-2}$$

式中：x 为温度循环次数，y 为动态峰值抗压强度。

观察图 5-3 b)所示试验数据可以发现，冷水降温条件下，温度循环 1～11 次时千枚岩动态峰值抗压强度环比减小分别为 8.30%、3.24%、5.79%、1.57%、19.43%。温度循环 11 次时千枚岩动态峰值抗压强度环比降幅最大，温度循环 1 次时环比降幅次之，其余情况下环比降幅相对较小。通过分析不同温度循环冷水降温条件下千枚岩动态峰值抗压强度的环比降幅可以发现，引入水的影响因素将使千枚岩动态峰值抗压强度的劣化效能随着温度循环次数的增加逐渐放大，已有试验数据未发现动态峰值抗压强度劣化速度放缓趋势，存在进一步加速劣化的可能。

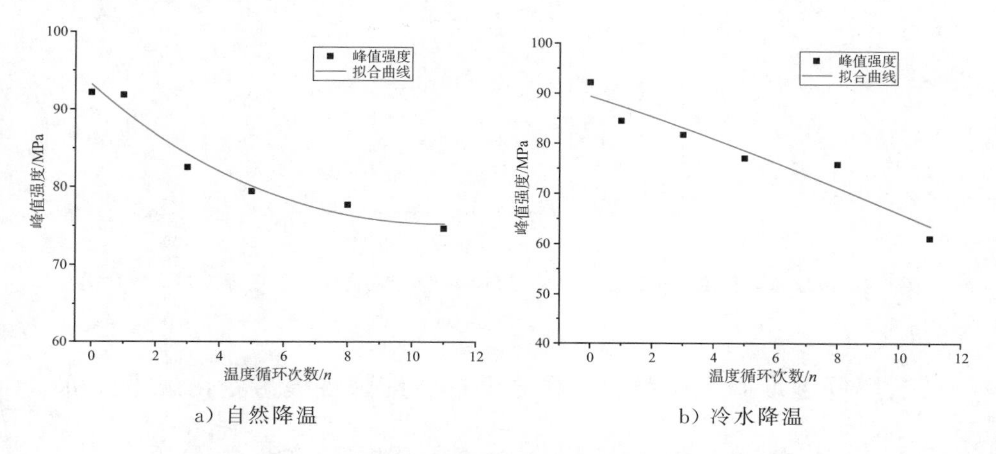

a）自然降温 b）冷水降温

图 5-3 不同温度循环作用后千枚岩动态峰值抗压强度变化规律

图 5-4 展示了不同温度循环自然降温和冷水降温条件下，千枚岩动态峰值抗压强度的对比情况。从图 5-4 中可以明显观察到，两种降温条件下，千枚岩动态峰值抗压强度均不断劣化。分析认为：造成千枚岩动态峰值抗压强度不断劣化的主要原因是温度循环作用导致的温度梯度，使得千枚岩循环往复地承受温度梯度应力。温度梯度应力是温度变化导致千枚岩内部产生的内生应力，均匀作用于温度循环处理过程中的岩石各部位。温度梯度应力作用下，千枚岩内部矿物颗粒之间尤其是层理软弱接合面处的矿物颗粒在反复的拉压应力作用下，黏结强度逐渐减弱，内部裂纹不断发育扩展，最终导致千枚岩动态力学性能不断劣化。当温度循环引入水的因素，以冷水降温的方式替代自然降温，千枚岩降温过程中的温度梯度增大，增强了千枚岩内部承受的温度梯度拉压应力，内部裂纹扩展更为迅速，同时，裂纹的扩展增加了水对岩石内部裂纹的侵蚀，水温耦合作用放大了千枚岩动力学性能的劣化效应，使得不同温度循环冷水降温条件下的千枚岩动态峰值抗压强度普遍低于自然降温条件下的动态峰值抗压

强度。

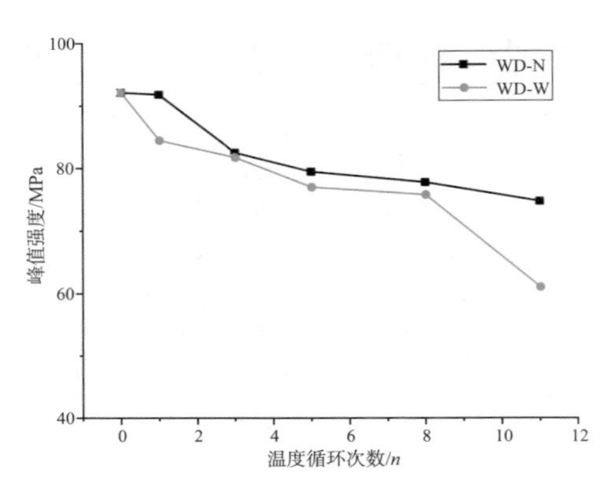

图 5-4 温度循环作用后千枚岩自然降温与冷水降温动态峰值抗压强度对比变化图

三、不同温度循环作用后千枚岩动态压缩弹性模量变化规律分析

岩石动力学研究中，动态弹性模量是研究岩石力学性能的重要指标之一。本文千枚岩动态压缩弹性模量按照千枚岩 40%峰值强度和 60%峰值强度间应力-应变曲线的斜率来计算，即

$$E=\frac{\sigma_{60\%}-\sigma_{40\%}}{\varepsilon_{60\%}-\varepsilon_{40\%}} \tag{5-3}$$

式中：$\sigma_{60\%}$ 与 $\sigma_{40\%}$ 分别代表动态峰值抗压强度的 60%与 40%，

$\varepsilon_{60\%}$ 与 $\varepsilon_{40\%}$ 分别代表 $\sigma_{60\%}$、$\sigma_{40\%}$ 处对应的应变值。

依据计算公式分别提取计算出不同温度循环作用后千枚岩动态压缩弹性模量，以温度循环次数为横坐标分别绘制了自然降温和冷水降温条件下千枚岩动态压缩弹性模量的数据变化点线图，具体如图 5-5 所示。

从图 5-5 中可以看出，相较动态峰值抗压强度，随着温度循环作用次数的增加，千枚岩动态压缩弹性模量不具备明显的规律性，但从总体变化趋势上观察可知，温度循环 8 次、11 次时，千枚岩动态压缩弹性模量均要小于 0～1 次温度循环时，由此可以认识到，当温度循环作用次数达到一定程度时，温度循环作用对千枚岩动态压缩弹性模量的劣化才会逐渐凸显。

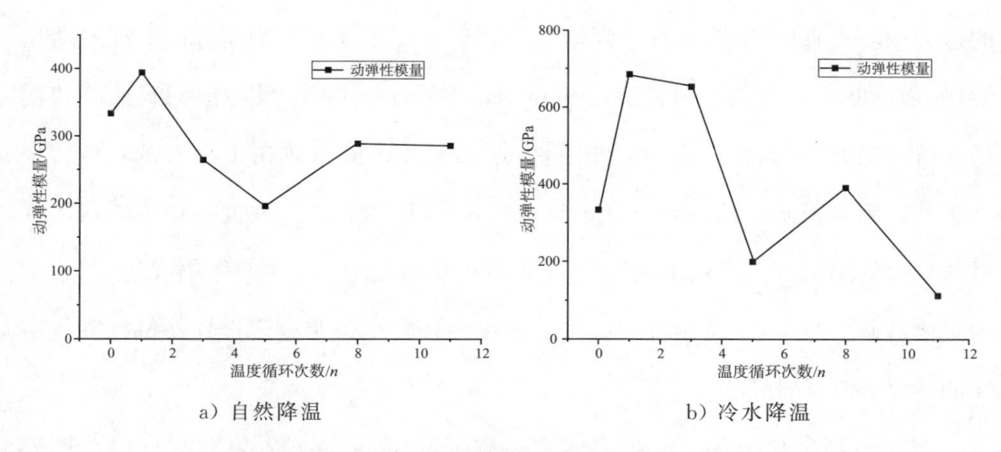

a）自然降温　　b）冷水降温

图 5-5　不同温度循环作用后千枚岩动态压缩弹性模量变化图

四、不同温度循环作用后千枚岩能量变化规律分析

岩石在受力变形、破坏过程中始终伴随着能量的吸收和释放，结合近年来岩石动力学方面的研究成果来看，从能量角度开展岩石动力学特性分析日益成为重要的研究视角。

依据能量计算公式完成能量数据转化处理，而后，对不同劣化条件下千枚岩试样的能量数据进行对比分析后发现，动态冲击作用后，千枚岩入射能、反射能、透射能、耗散能时程曲线的增长变化规律基本一致，因此，本文选取具有代表性的千枚岩试样能量数据，绘制千枚岩入射能、反射能、透射能、耗散能时程曲线，具体如图 5-6 所示。从图 5-6 中可知，千枚岩入射能、反射能、透射能、耗散能的增长变化规律主要可分为 3 个阶段，即起步阶段、快速增长阶段、稳定阶段。结合能量计算理论公式分析可知，能量数据来源于应变数据平方的积分累加，岩石动力学试验过程中，冲击应力波作用于千枚岩试样，当应力波达到入射杆与试样接触界面开始应力加载时，对应能量时程曲线起步阶段；当应力波加载结束，对应能量时程曲线的稳定阶段。在加载应力波的峰值处，千枚岩处于应力平衡的受力阶段，其对应于能量时程曲线的快速增长阶段，千枚岩受到动态冲击应力发生变形、破坏的过程中始终伴随着能量的急剧增长。从图5-6中还可以观察到，千枚岩透射能、耗散能时程曲线快速增长阶段的起步点要晚于入射能、反射能时程曲线快速增长阶段的起步点，存在一定的滞后性，这是由冲击应力波在千枚岩试样中传播产生的时间差所致。依据能量守恒定律分析可知，入射能时程曲线稳定阶段的能量值即为SHPB试验系统施加给千枚岩试样的总能量值，冲击作用发生后，入射能主要分解为反射能、透射能、耗散能，其中直接作用于千枚岩试样使试样发生破坏的能量为耗散能部分。

对比不同劣化条件下千枚岩入射能数据发现，千枚岩入射能时程曲线的变化规律基本一致，为此，依据不同温度循环冷水降温条件下千枚岩入射能数据绘制千枚岩入射能时程曲线，如图5-7所示。观察图5-7可知，千枚岩入射能时程曲线稳定阶段的能量值均保持在100～120J，整体情况较为稳定，这表明：以0.2MPa气压开展岩石动力学冲击试验，冲击能量值基本保持在100～120J的水平。细致看来，以0.2MPa气压开展岩石动力学冲击试验，能量值依然存在一定的差异，这主要是由SHPB试验装置供气系统稳定性、气压缸和发射腔的气密性的系统误差所致，但整体来看，系统误差可控，可通过数据处理手段消除误差，不会影响对试验结果规律的分析把握。

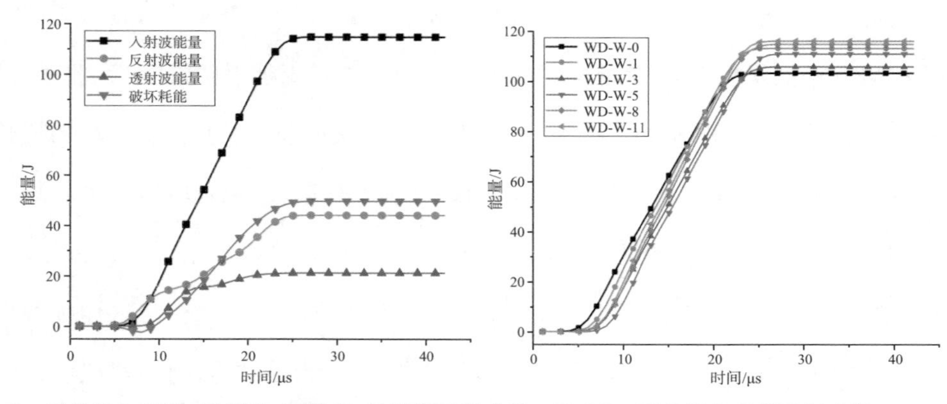

图5-6 千枚岩入射能、反射能、透射能、耗散能时程曲线　图5-7 千枚岩入射能时程曲线

图5-8展示了不同温度循环自然降温和冷水降温条件下，千枚岩反射能时

程曲线变化规律。从图 5-8 中可知,自然状态下,千枚岩反射能时程曲线稳定阶段能量值约为 40J。以自然状态为基准,不同温度循环自然降温条件下,千枚岩反射能时程曲线稳定阶段能量值均小于 40J,而不同温度循环冷水降温条件下,千枚岩反射能时程曲线稳定阶段能量值均大于 40J。

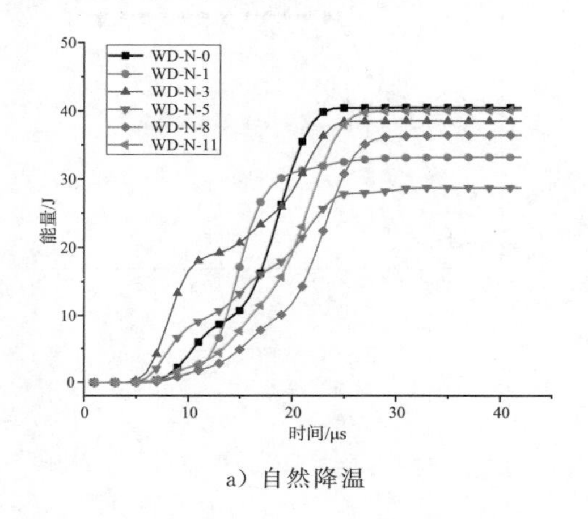

a) 自然降温

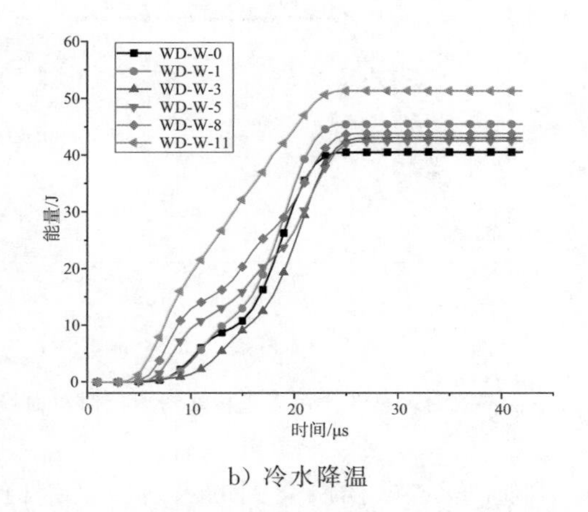

b) 冷水降温

图 5-8 不同温度循环作用后千枚岩反射能时程曲线

从图 5-9 中可知,千枚岩透射能时程曲线稳定阶段的能量值在 20J 上下浮动,约占入射能能量值的 1/5。具体观察图 5-9 可发现,随着温度循环次数的增加,千枚岩透射能时程曲线稳定阶段能量值并不具备明显的规律,但从中可以发现,当温度循环 11 次时,无论是自然降温条件下,还是冷水降温条件下,其透射能稳定阶段能量值均达到最小,且冷水降温条件下的能量值要小于自然降温条件下的能量值。

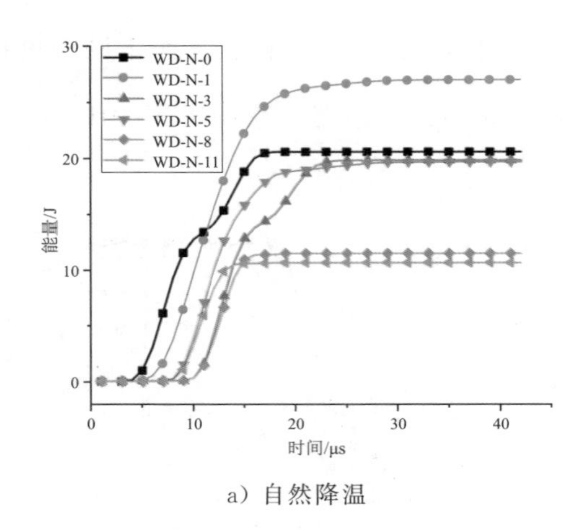

a) 自然降温

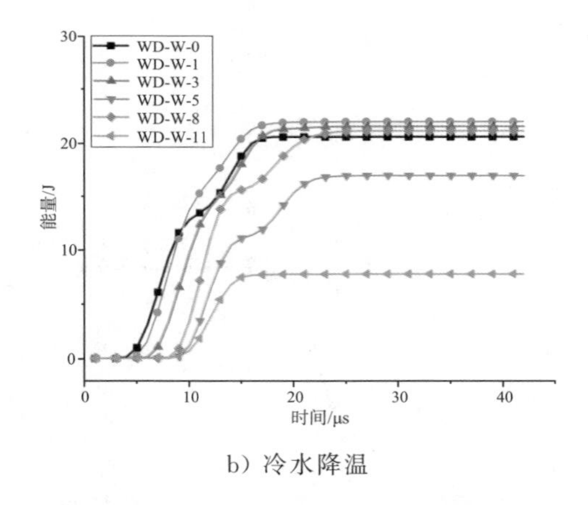

b) 冷水降温

图 5-9 不同温度循环作用后千枚岩透射能时程曲线

鉴于上文所述,不同千枚岩试样所受到的入射波能量值存在一定的差异,因此,本文采用能量比的方法来尽可能消除入射波能量值差异对试验数据规律性带来的影响,即采用 E_R/E_I,E_T/E_I,E_D/E_I 分别表示反射能、透射能和耗散能占入射能(总输入能量)的比值,分别称为反射能比、透射能比、耗散能比,具体数据如图 5-10 所示。如图 5-10 所示,自然降温和冷水降温条件下,千枚岩反射能和耗散能比均表现为随着温度循环次数的增加呈动态增长的趋势,而透射能比随着温度循环次数的增加呈动态减小的趋势。

观察图5-10可知，自然降温条件下，不同温度循环作用后，千枚岩反射能比基本小于40%。冷水降温条件下，不同温度循环作用后千枚岩反射能比要略高于自然降温时，多数情况下略大于40%。细致分析可知，冷水降温条件下，温度循环0～3次时，千枚岩反射能比的增幅很小，当温度循环超过3次时，千枚岩发射能比的增长趋势趋于明显。

从图5-10中可以发现，自然降温条件下，温度循环0～5次时，千枚岩的透射能比数据值离散性较大，规律不明显，当温度循环次数大于5次时，千枚岩透射能比出现显著下降，总体来看，自然降温条件下，千枚岩透射能比呈现动态下降的趋势。冷水降温条件下，随着温度循环次数的增加，千枚岩透射能比下降趋势较为明显，其中温度循环超过3次后，透射能比下降明显，以温度循环11次时降幅最大。

观察图5-10可知，不同温度循环作用后千枚岩的耗散能比均大于反射能比、透射能比，这部分能量用于千枚岩的冲击破坏。当温度循环次数大于等于3次时，千枚岩耗散能比的增幅更为明显，当温度循环0～3次时，冷水降温条件下千枚岩耗散能比的增长基本不变，小于自然降温条件时。

分析认为，随着温度循环次数的增加，千枚岩耗散能比逐渐增加，其主要可能与千枚岩本身的层理状构造有关。前文中已经指出，本文试验所用千枚岩试样均为0°层理倾角的岩样，冲击试验过程中，SHPB试验系统提供的冲击应力波传播方向与岩石层理方向呈90°垂直关系。千枚岩层理面结合处存在许多密集微小的交接面，当冲击应力波穿透千枚岩试样时，岩石内部繁多的层理结合面使冲击应力波密集发生反射、透射作用，这增加了冲击应力波的消耗。温度循环作用使千枚岩内部频繁承受温度梯度拉压应力，促进了岩石内部裂缝的不断扩展，在此期间，千枚岩层理结合面作为岩石软弱构造面，其裂纹扩展更为剧烈，由此增强了冲击应力波传播过程中的反射和透射作用，使得千枚岩耗散能比随着温度循环次数的增加而不断提高。耗散能比的提高，也使得受到冲击作用后的千枚岩破坏残片更加破碎。

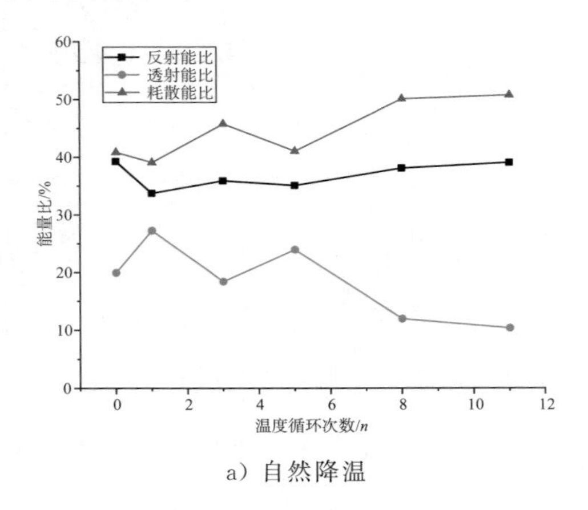

a）自然降温

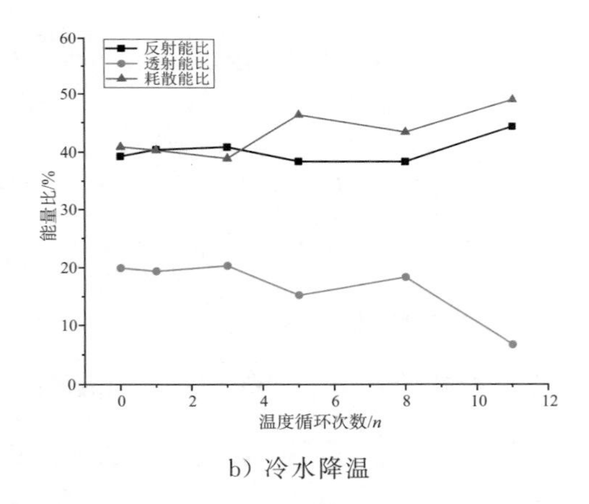

b）冷水降温

图 5-10　不同温度循环作用后千枚岩反射能比、透射能比、耗散能比变化规律

第四节　温度循环后千枚岩动态拉伸特性研究

选取不同水温循环处理后具有代表性的千枚岩动态拉伸应变率时程曲线，

如图 5-11 所示，取千枚岩应变率时程曲线峰值应变率作为单个千枚岩试样动态巴西圆盘劈裂试验的应变率标准值。

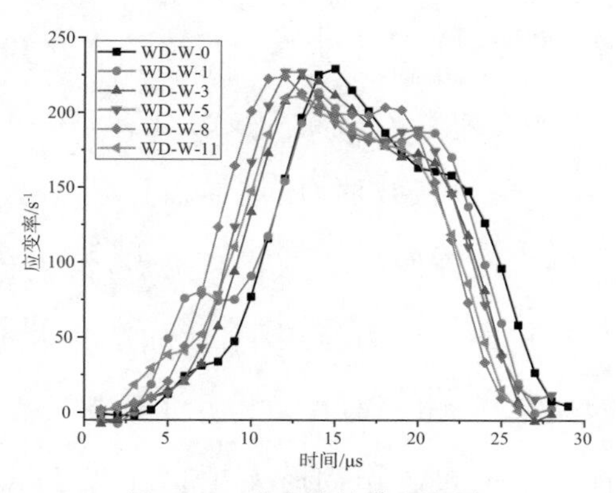

图 5-11 应变率计算示意图

一、不同温度循环作用后千枚岩动态应力-应变曲线关系分析

绘制不同温度循环作用后千枚岩动态拉伸应力-应变曲线，具体如图 5-12 所示。

图 5-12 所示为自然降温和冷水降温条件下，不同温度循环后千枚岩动态拉伸应力-应变曲线。观察图 5-12 可知，不同温度循环作用后，千枚岩动态拉伸应力-应变曲线没有明显的裂隙压密阶段，主要包括三个阶段，即极速弹性变形阶段、屈服变形阶段、破坏阶段。在极速弹性变形阶段，千枚岩应变增加极小，而应力迅速增加，分析认为，此现象与千枚岩层理构造有关。本文试验所选千枚岩均为 0°层理倾角的岩样，动态拉伸试验中，千枚岩层理方向与冲击应力波加载方向一致，呈 0°夹角。已有的研究表明，千枚岩层理面是影响岩石力学特性的薄弱面，同时，千枚岩属于浅变质岩，其层理超薄片在长期的地质作用下已经转化为十分致密的构造，因此，在动力冲击下，千枚岩应力增长初期，变形非常小，具有明显的硬脆性特征。随着应力的增加，千枚岩动态拉伸应力-应变曲线逐渐进入屈服变形阶段，此时，千枚岩应变增长速率加

大，应力增长速率减小，应力-应变曲线的曲率不断增大，直至达到峰值强度。针对千枚岩动态拉伸应力-应变曲线屈服变形阶段的变形特征，分析认为，在冲击应力加载过程中，千枚岩主要发生3个方面的劣化和破坏：首先，在冲击应力作用下，千枚岩层理界面处矿物颗粒受到张拉应力，在张拉应力不断增长的过程中，矿物颗粒间黏结性减弱，层理界面处裂纹不断扩展、贯通，形成更大的裂缝；其次，千枚岩层理间裂缝的不断扩展，使千枚岩形成了多个"长细比"较大的薄片结构，在冲击应力作用下，薄片结构极不稳定，极易发生挠曲变形，直至失稳破坏；最后，由于薄片结构并非均质且存在许多裂缝，因此，薄片结构在发生挠曲变形的过程中同时发生贯穿薄片结构的剪切和张拉破坏。最终，在多种破坏因素的共同作用下，千枚岩在宏观上主要表现为发生贯穿层理面的张拉破坏。

从图5-12可知，随着温度循环次数的增加，千枚岩动态拉伸应力-应变曲线极速弹性变形阶段逐渐减小，当温度循环达到11次时，极速弹性变形阶段已经不明显，屈服变形阶段应变增长速率明显增加，以上现象均反映了温度循环作用对千枚岩动态拉伸力学性能的劣化。如图5-12a)所示，自然降温条件下，当温度循环次数达到8次、11次时，千枚岩动态拉伸应力-应变曲线极速弹性变形阶段缩短，屈服变形阶段应变增长速率增大的特点变得尤为明显，而在图5-12b)中，冷水降温条件下，千枚岩动态拉伸应力-应变曲线极速弹性变形阶段缩短，屈服变形阶段应变增长速率增大的现象从温度循环达到5次时即开始变得显著，说明温度循环作用过程中，水因素的引入强化了千枚岩的劣化进程。分析认为，温度循环作用对千枚岩力学性能的劣化主要来源于温度循环过程带来的温度梯度使千枚岩试样整体承受循环往复的温度梯度拉压应力，温度梯度拉压应力作用下，千枚岩内部矿物颗粒间的黏结性不断减弱，内部裂隙不断发育、扩展，并不断贯通形成大的裂缝，此种劣化以对千枚岩层理面的劣化效果最为显著。冷水降温条件下，千枚岩动态拉伸应力-应变曲线较自然降温时更早出现温度循环的劣化特征,其主要来源于冷水降温提高了温度梯度,增强了千枚岩受到的温度梯度拉压应力幅值,加速了千枚岩的劣化进程。

如图 5-12 所示,温度循环作用后千枚岩动态峰值抗拉强度呈不断劣化的规律。具体来看,如图 5-12a)所示,自然降温条件下,温度循环 0～5 次时,千枚岩动态峰值抗拉强度始终处于波动起伏的状态,且应力-应变曲线动态峰值抗拉强度两侧的强度试验数据均与动态峰值强度相差较小,当温度循环达到 8 次、11 次时,温度循环劣化效果凸显,千枚岩动态峰值抗拉强度出现明显的下降。如图 5-12b)所示,在冷水降温条件下,温度循环对千枚岩劣化强度增强,温度循环 0～3 次时,虽然动态峰值抗拉强度仍未出现明显下降,但千枚岩峰后残余强度的衰减速度明显增强,当温度循环超过 3 次后,千枚岩动态峰值抗拉强度出现明显衰减。如图 5-12 所示,相比自然降温,冷水降温条件下,不同温度循环作用后千枚岩峰后应力-应变曲线更为平缓,延性增强。

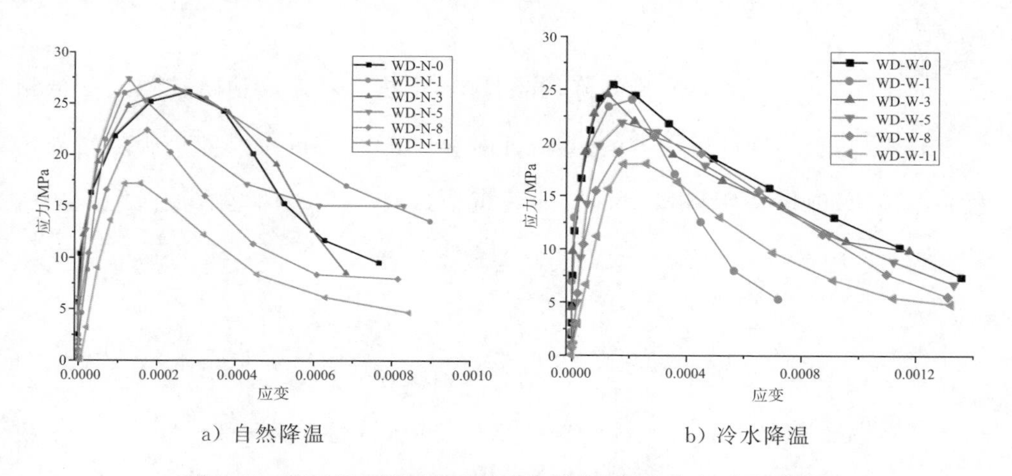

图 5-12　不同温度循环作用后千枚岩动态拉伸应力-应变曲线

二、不同温度循环作用后千枚岩动态峰值抗拉强度变化规律分析

本文以温度循环次数为横坐标绘制温度循环作用后千枚岩动态峰值抗拉强度变化散点图,并对散点图进行曲线拟合,实现对不同温度循环作用后千枚

岩动态峰值抗压强度劣化的定量化、精准化描述，具体如图5-13所示。

如图5-13a)所示，针对自然降温条件下，千枚岩动态峰值抗拉强度的数据拟合显示，随着温度循环次数的增加，千枚岩动态峰值抗拉强度服从指数函数变化规律，具体拟合结果如式(5-4)所示，拟合度达到96%，能够基本反映试验数据规律。

$$y=e^{3.26051+0.03741x-0.00686x^2}, R^2=0.96158 \tag{5-4}$$

式中：x为温度循环次数，y为动态峰值抗拉强度。

定义相邻两次温度循环作用下千枚岩动态峰值抗拉强度的衰减率为环比。分析图5-13a)中的试验数据可知，温度循环1～11次时，千枚岩动态峰值抗拉强度环比减小分别为－4.09%、2.62%、－3.36%、18.10%、23.37%。温度循环0～5次时，千枚岩动态峰值抗拉强度处于波动状态，未出现明显下降，当温度循环达到8次、11次时，环比降幅迅速扩大，千枚岩动态峰值抗拉强度劣化效果凸显。

如图5-13b)所示，针对冷水降温条件下，千枚岩动态峰值抗拉强度的数据拟合表明，随着温度循环次数的增加，千枚岩动态峰值抗拉强度仍服从指数函数分布规律，但拟合所得指数函数曲线近似线性变化，具体结果如式(5-5)所示，拟合度达到93%，能够基本反映试验数据规律。

$$y=e^{3.22445-0.01582x-0.00133x^2}, R^2=0.93063 \tag{5-5}$$

式中：x为温度循环次数，y为动态峰值抗拉强度。

针对图5-13b)中的试验数据定量化分析可知，温度循环1～11次时，千枚岩动态峰值抗拉强度环比减小分别为5.47%、－2.08%、10.89%、6.03%、12.65%。从中可以发现，冷水降温条件下，温度循环3次后，千枚岩动态峰值抗拉强度开始出现显著下降，劣化效果显现早于自然降温时。

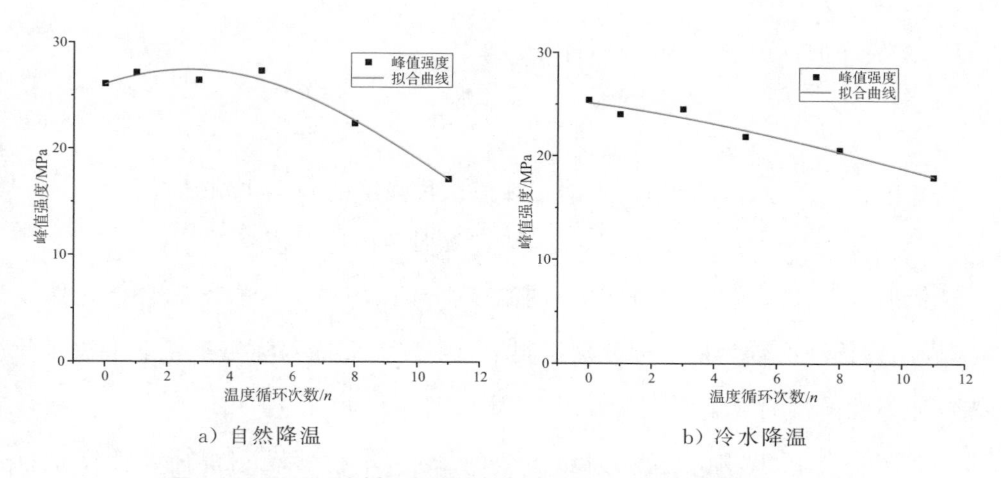

a）自然降温　　b）冷水降温

图 5-13　不同温度循环作用后千枚岩动态峰值抗拉强度变化规律

如图 5-14 所示，随着温度循环次数的增加，千枚岩峰值抗拉强度总体上不断减小。温度循环冷水降温条件下，千枚岩动态峰值抗拉强度普遍要小于自然降温时，说明水的影响因素引入后，千枚岩承受的温度梯度拉压应力增大，强化了千枚岩动力学性能的劣化进程。同时，观察图 5-14 可知，随着温度循环次数的增加，两种降温条件下千枚岩动态峰值抗拉强度的差值呈动态减小的趋势。

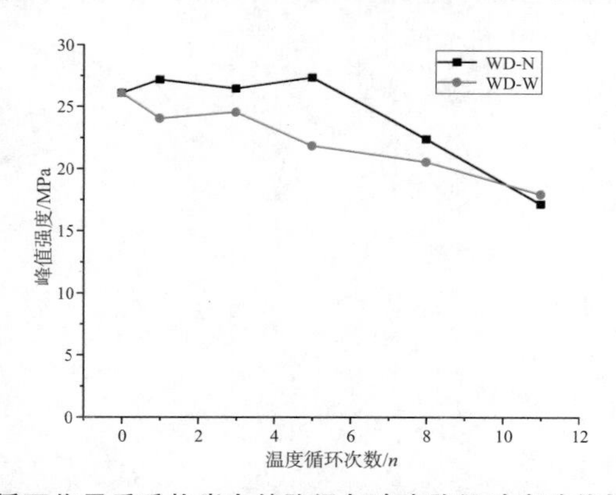

图 5-14　不同温度循环作用后千枚岩自然降温与冷水降温动态峰值抗拉强度对比变化图

三、不同温度循环作用后千枚岩动态拉伸弹性模量变化规律分析

本文千枚岩动态拉伸弹性模量按照千枚岩 40％峰值强度和 60％峰值强度

间应力-应变曲线的斜率来计算，即

$$E=\frac{\sigma_{60\%}-\sigma_{40\%}}{\varepsilon_{60\%}-\varepsilon_{40\%}} \tag{5-6}$$

式中：$\sigma_{60\%}$ 与 $\sigma_{40\%}$ 分别代表动态峰值抗拉强度的 60% 与 40%，

$\varepsilon_{60\%}$ 与 $\varepsilon_{40\%}$ 分别代表 $\sigma_{60\%}$、$\sigma_{40\%}$ 处对应的应变值。

依据计算公式分别提取计算不同温度循环作用后千枚岩动态拉伸弹性模量，以温度循环次数为横坐标分别绘制了自然降温和冷水降温条件下千枚岩动态拉伸弹性模量的数据变化点线图，具体如图 5-15 所示。

如图 5-15 所示，随着温度循环次数的增加，千枚岩动态拉伸弹性模量呈动态减小的趋势。温度循环 1 次时，出现了千枚岩动态拉伸弹性模量增大的现象。如图 5-15a)所示，自然降温条件下，温度循环 0～5 次时，千枚岩动态拉伸弹性模量动态波动，没有明显的劣化规律，当温度循环达到 8 次、11 次时，动态拉伸弹性模量出现了明显的劣化特征。观察图 5-15b)，相较自然降温，冷水降温条件下，随着温度循环次数的增加，千枚岩动态拉伸弹性模量劣化规律更显著，其中温度循环达到 8 次、11 次时，降幅最大。

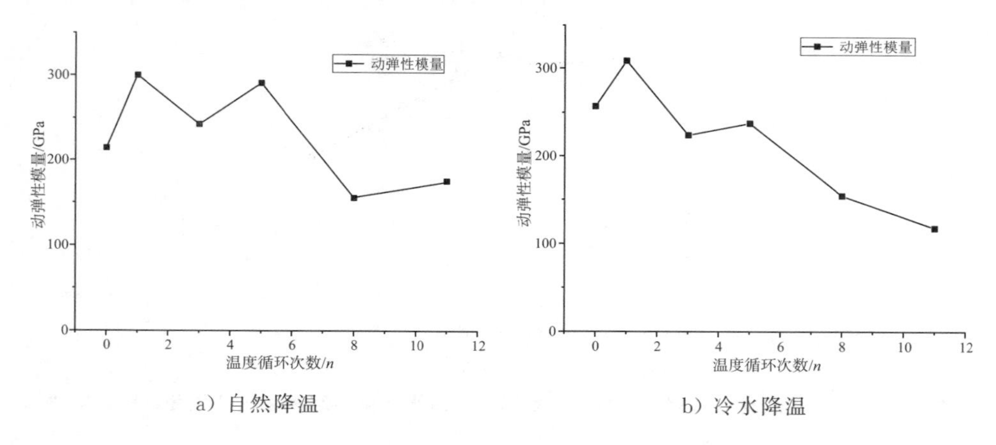

a) 自然降温　　b) 冷水降温

图 5-15　不同温度循环作用后千枚岩动态拉伸弹性模量变化图

四、不同温度循环作用后千枚岩能量变化规律分析

如图 5-16 所示，动态拉伸试验中，千枚岩入射能、反射能、透射能、耗散能

时程曲线仍主要分为3个阶段,即起步阶段、快速增长阶段、稳定阶段。观察图5-16所示能量时程曲线稳定阶段发现,与千枚岩动态压缩试验的能量时程曲线相比,千枚岩动态拉伸试验的反射能时程曲线稳定阶段能量值增大,大于耗散能,透射能时程曲线稳定阶段能量值发生显著的降低,反射能成为入射能分解出的主要部分。

如图5-17所示,动态拉伸试验中,千枚岩入射能时程曲线稳定阶段的能量值仍保持在100～120J,整体情况较为稳定,表明以0.2MPa气压开展岩石动力学冲击试验,冲击能量值基本保持在100～120J的水平,与试验形式(压缩或拉伸)无关。

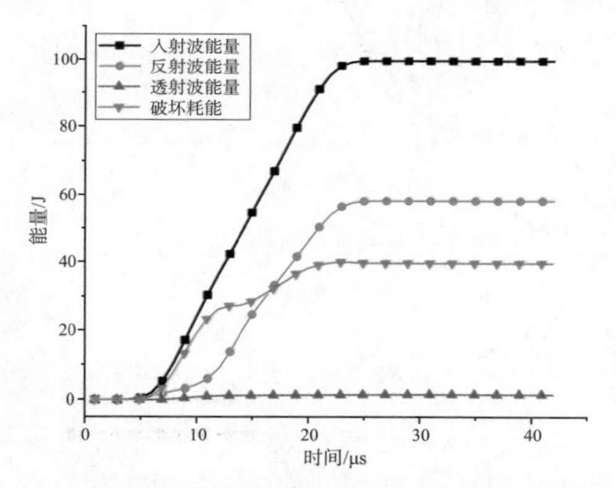

图5-16 千枚岩入射能、反射能、透射能、耗散能时程曲线

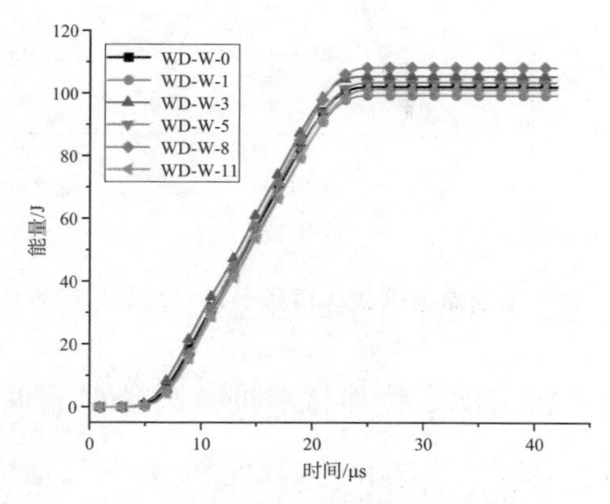

图5-17 千枚岩入射能时程曲线

图5-18展示了自然降温和冷水降温条件下,不同温度循环作用后千枚岩

反射能时程曲线的变化规律。观察图 5-18 可知，自然状态下，千枚岩反射能时程曲线稳定阶段能量值约为 55J。温度循环处理后，千枚岩两种降温条件下的反射能时程曲线稳定阶段能量值均大于 55J，其中温度循环达到 8 次、11 次时，稳定阶段能量值增至高位水平。

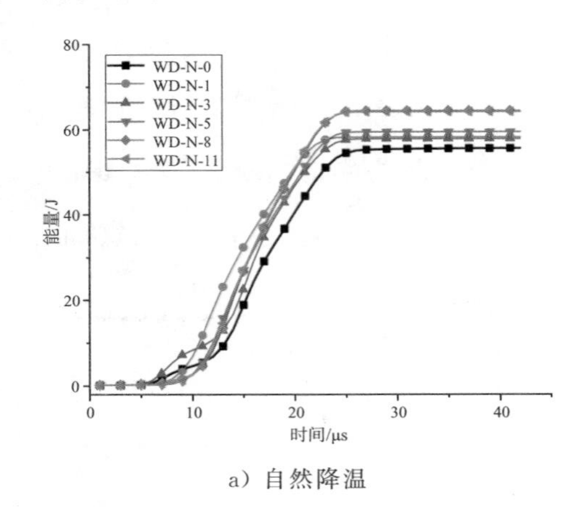

a）自然降温

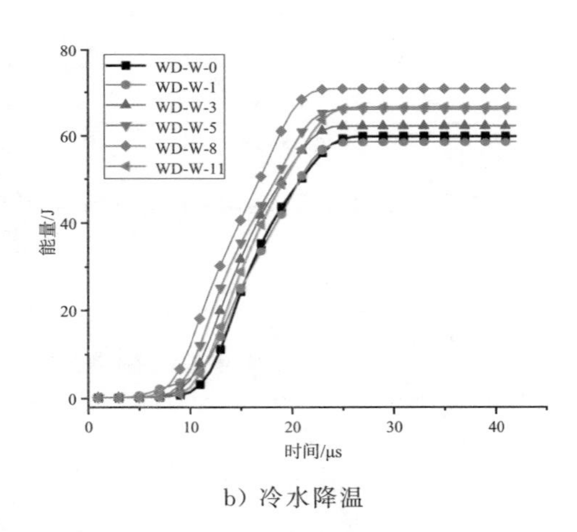

b）冷水降温

图 5-18 不同温度循环作用后千枚岩反射能时程曲线

如图 5-19 所示，千枚岩动态拉伸试验的透射能时程曲线稳定阶段的能量值均小于 3J，显著小于动态压缩试验时透射能时程曲线稳定阶段的能量值。当温度循环达到 8 次、11 次时，两种降温条件下，千枚岩透射能时程曲线稳定阶段能量值增长率均明显下降。观察图 5-19 还可发现，动态拉伸试验中，千枚岩透射能时程曲线在快速增长阶段的后期出现明显缓和增长段。

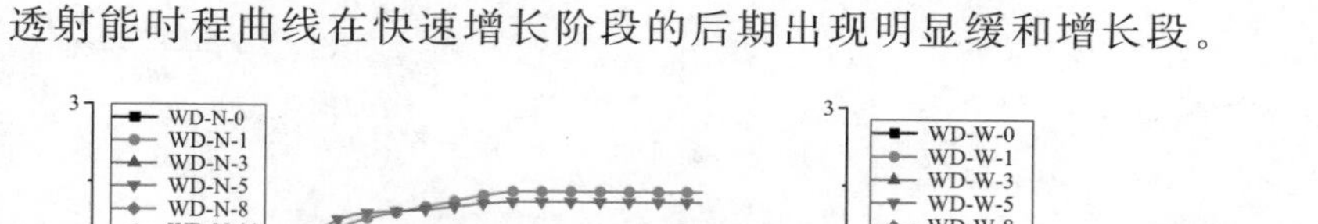

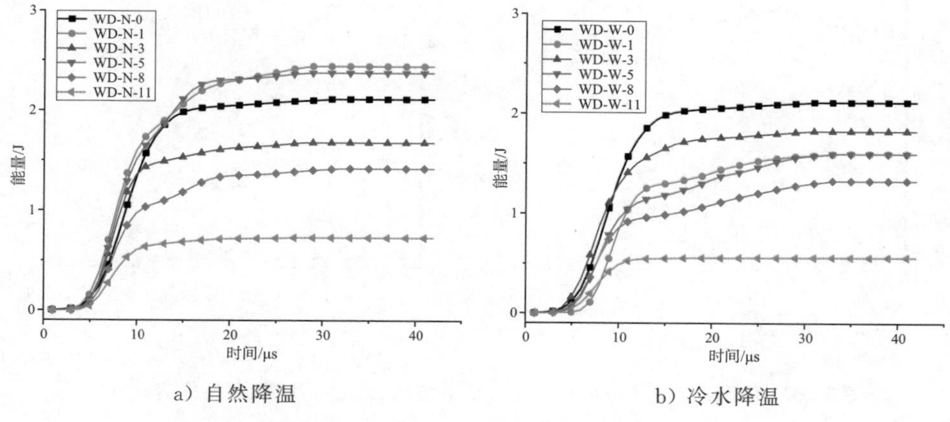

a）自然降温　　b）冷水降温

图 5-19　不同温度循环作用后千枚岩透射能时程曲线

图 5-20 反映了温度循环作用后，千枚岩反射能比、透射能比、耗散能比的变化情况。从图 5-20 中可以观察到，随着温度循环次数的增加，千枚岩反射能比呈不断增加的趋势，透射能比、耗散能比呈不断减小的趋势。分析认为，温度循环作用产生的温度梯度拉压应力促进了千枚岩内部裂隙的不断扩展，造成了千枚岩力学性能的不断劣化。在 SHPB 动态巴西圆盘劈裂试验过程中，千枚岩的层理方向与试验系统提供的冲击应力波方向一致，此时在动态压缩试验过程中分析到的冲击应力波在千枚岩内部层理面的反射、透射作用不再明显。温度循环作用造成千枚岩力学性能的不断劣化，使得千枚岩发生破坏所需要的能耗也随之不断减小。对比分析图 5-20a）和图 5-20b）可知，冷水降温条件下，千枚岩反射能比要大于自然降温时，耗散能比要小于自然降温时。冷水降温条件下，千枚岩的耗散能比要小于自然降温时，说明冷水降温增强了千枚岩承受的温度梯度拉压应力，水温耦合作用对千枚岩力学性能的劣化更强。

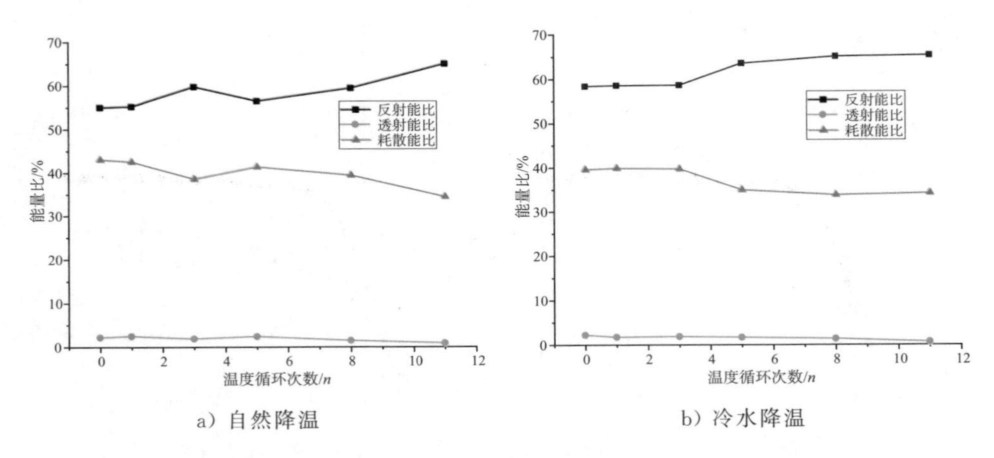

a）自然降温　　b）冷水降温

图 5-20　不同温度循环作用后千枚岩反射能比、透射能比、耗散能比变化规律

第五节　小　　结

（1）不同温度循环作用后，千枚岩动态压缩应力-应变曲线的裂隙压密阶段不明显，曲线主要包括弹性变形阶段、屈服变形阶段和破坏阶段，此现象主要与千枚岩层理构造有关。自然降温条件下，温度循环超过 5 次后，千枚岩峰后应力-应变曲线更陡，岩石残余强度失效速度加快。冷水降温条件下，千枚岩峰后应力-应变曲线衰减趋势均较为平缓，水温耦合增强了千枚岩的延性。

（2）随着温度循环次数的增加，千枚岩动态峰值抗压强度不断减小，服从指数函数分布规律。温度循环冷水降温条件下，千枚岩动态峰值抗压强度普遍低于自然降温时。干湿循环作用后，千枚岩动态峰值抗压强度劣化为 3 种水平，此时，千枚岩动态峰值抗压强度的衰减特点与干湿循环作用间隔次数有明显的正相关性。

（3）千枚岩入射能、反射能、透射能、耗散能时程曲线的增长变化规律主要可分为 3 个阶段,即起步阶段、快速增长阶段、稳定阶段。随着水温循环次数的增加,千枚岩反射能比和耗散能比均呈动态增长的趋势,透射能比呈动态减小的趋势。千枚岩的耗散能比大于反射能比、透射能比,这部分能量用于千枚岩的冲击破坏。

(4)当水温循环次数较少时,千枚岩试样仅破碎为 2 块,发生贯穿层理面的压致张裂破坏,破坏断面基本垂直于层理面。随着水温循环次数的增加,由于千枚岩层理面裂纹的不断扩展发育,损伤加剧,动态冲击后的破坏碎块数逐渐增多,碎块尺寸逐渐减小,此时,千枚岩的破坏也逐渐转为压致张裂与剪切破坏并存的复合破坏模式。与温度循环自然降温条件相比,温度循环冷水降温、干湿循环作用时,千枚岩更早产生多碎块破裂,表明水温耦合作用对千枚岩的劣化损伤更明显。

(5)随着水温循环次数的增加,千枚岩动态压缩冲击碎块平均尺寸不断减小,分形维数 D 不断增加,表明千枚岩劣化损伤程度与其碎块平均尺寸呈负相关性,与分形维数 D 呈正相关性。温度循环冷水降温、干湿循环条件下,千枚岩动态压缩冲击碎块平均尺寸总体上更小,其分形维数 D 也略高,尤以温度循环冷水降温条件下更明显,表明水温耦合作用对千枚岩的劣化损伤更强,以温度循环冷水降温条件最为显著。

(6)不同温度循环、干湿循环作用后,千枚岩动态拉伸应力-应变曲线没有明显的裂隙压密阶段,主要包括极速弹性变形阶段、屈服变形阶段、破坏阶段。随着水温循环次数的增加,千枚岩动态拉伸应力-应变曲线极速弹性变形阶段逐渐缩短,屈服变形阶段的应变增长速率不断增大。较温度循环自然降温时,温度循环冷水降温、干湿循环条件下,千枚岩动态拉伸应力-应变曲线更早出现劣化特征,动态峰值抗拉强度降幅更大;千枚岩峰后应力-应变曲线残余强度衰减速率更低,延性变形特性明显,水的因素引入加速了千枚岩的劣化进程。不同温度循环、干湿循环作用后,千枚岩动态峰值抗拉强度呈不断减小的趋势。

(7)随着水温循环次数的增加,千枚岩反射能比呈不断增加的趋势,透射能比、耗散能比呈不断减小的趋势。水温耦合劣化条件下,千枚岩耗散能比要小于温度循环自然降温时。千枚岩动态拉伸试验的反射能大于耗散能,成为入射能分出的主要部分。

(8)动态巴西圆盘劈裂试验中,千枚岩发生贯穿层理的张拉破坏,起初岩样主要破碎为2块。与静态拉伸破坏相比,动力学冲击下,千枚岩试样沿冲击应力加载方向形成了破碎带。随着水温循环次数的增加,千枚岩内部、层理间裂纹深入扩展,其内部黏结性显著降低,千枚岩主碎块发生沿层理面的张拉与穿层理面的剪切复合破坏,至温度循环11次时,千枚岩试样主体碎块业已破碎为多个薄片,岩样已经完全破碎。水温耦合作用使得千枚岩主碎块更早地发生沿层理面的张拉与穿层理面的剪切复合破坏。

(9)随着水温循环次数的增加,千枚岩动态拉伸碎块平均尺寸不断减小,反映出水温循环作用对千枚岩的劣化损伤明显。温度循环冷水降温条件下,千枚岩动态拉伸碎块平均尺寸降幅最为明显,且普遍小于其他两种劣化条件下的碎块平均尺寸,此结果与动态压缩条件下的碎块平均尺寸一致,水温耦合作用对千枚岩动态压缩和拉伸力学性能的劣化基本相似。

第六章　多因素耦合作用下千枚岩动态拉压力学特性研究

第一节　概　　述

为了探究千枚岩层理、温度和应变率的耦合作用，采用 MATLAB 对峰值应力 σ_{max}、峰值应变 ε 关于层理倾角 α、温度 T 进行拟合分析。

MATLAB 具有数值分析、数值和符号计算、工程和科学制图、仿真及数字图像等功能，它能够为众多学科领域提供解决方案，代表当今国际科学计算软件的先进水平。采用 MATLAB 进行拟合分析具有以下优势特点：

1. 高效的数值计算及符号计算功能，能够从繁杂的数学运算分析中解脱出来。

2. 具有完备的图形处理功能，实现计算结果和编程的可视化。

3. 友好的用户操作界面及接近数学表达式的自然化语言更易于学习和掌握。

4. 功能丰富的应用工具箱(如信号处理工具箱、通信工具箱等)，能够提供大量方便实用的处理工具。

因此，选用 MATLAB 软件对其进行拟合分析。

本章主要研究多因素耦合作用下千枚岩的动态力学特性，首先利用室内静力压缩试验初步探明层状千枚岩的力学特性及破坏模式的层理面倾角效应，再结合高速摄影装置，利用霍普金森杆件进行大量不同因素耦合作用下的千枚岩动力压缩试验,研究水、温与层理耦合作用下的千枚岩动力特性。接着进一步开展层状千枚岩动力特性分析,在室内静力试验的基础上分析了层状千枚岩的力学特性及破坏模式的层理面倾角效应,再结合高速摄影装置,利用霍普金森杆件研究了动荷载作用下层状千枚岩的水力学性能,并利用 MATLAB 进行参数拟合,探究应变率和温度效应对层状千枚岩动力特性的影响。然后又以两种典型长度千枚岩为研究对象,对 4 种倾角下两种典型长度千枚岩进行了 5 种不同冲击气压的冲击压缩试验,研究了应变率对千枚岩动力特性的影响,分析了千枚岩倾角、尺寸与应变率之间的相互耦合作用。

第二节 层理、温度和应变率耦合作用下峰值抗压强度演化规律

温度是影响层状千枚岩动力学特性的重要因素之一,在层理与温度耦合作用下,千枚岩的动力学表现差异会更明显。图 6-1 给出了各层理面倾角下,不同应变率下千枚岩的峰值抗压强度及对应峰值应变随温度变化的规律。

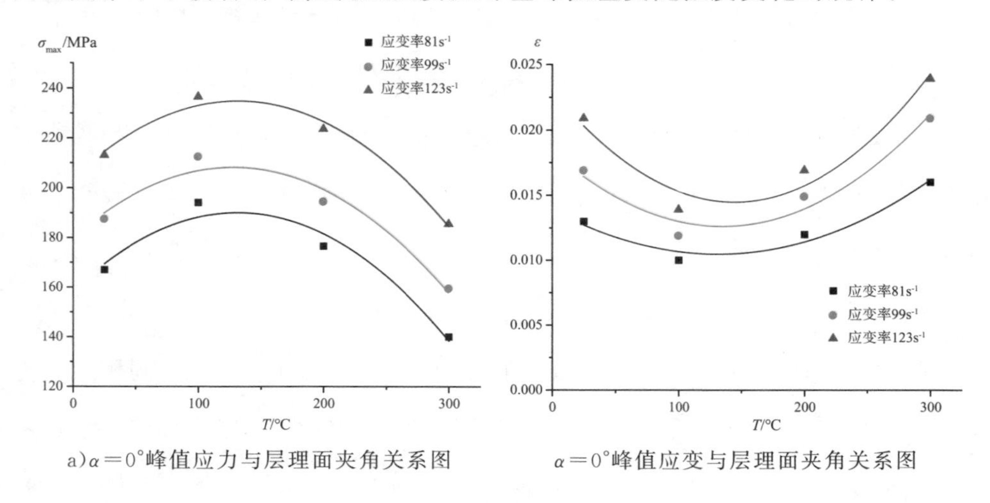

a) $\alpha=0°$峰值应力与层理面夹角关系图　　$\alpha=0°$峰值应变与层理面夹角关系图

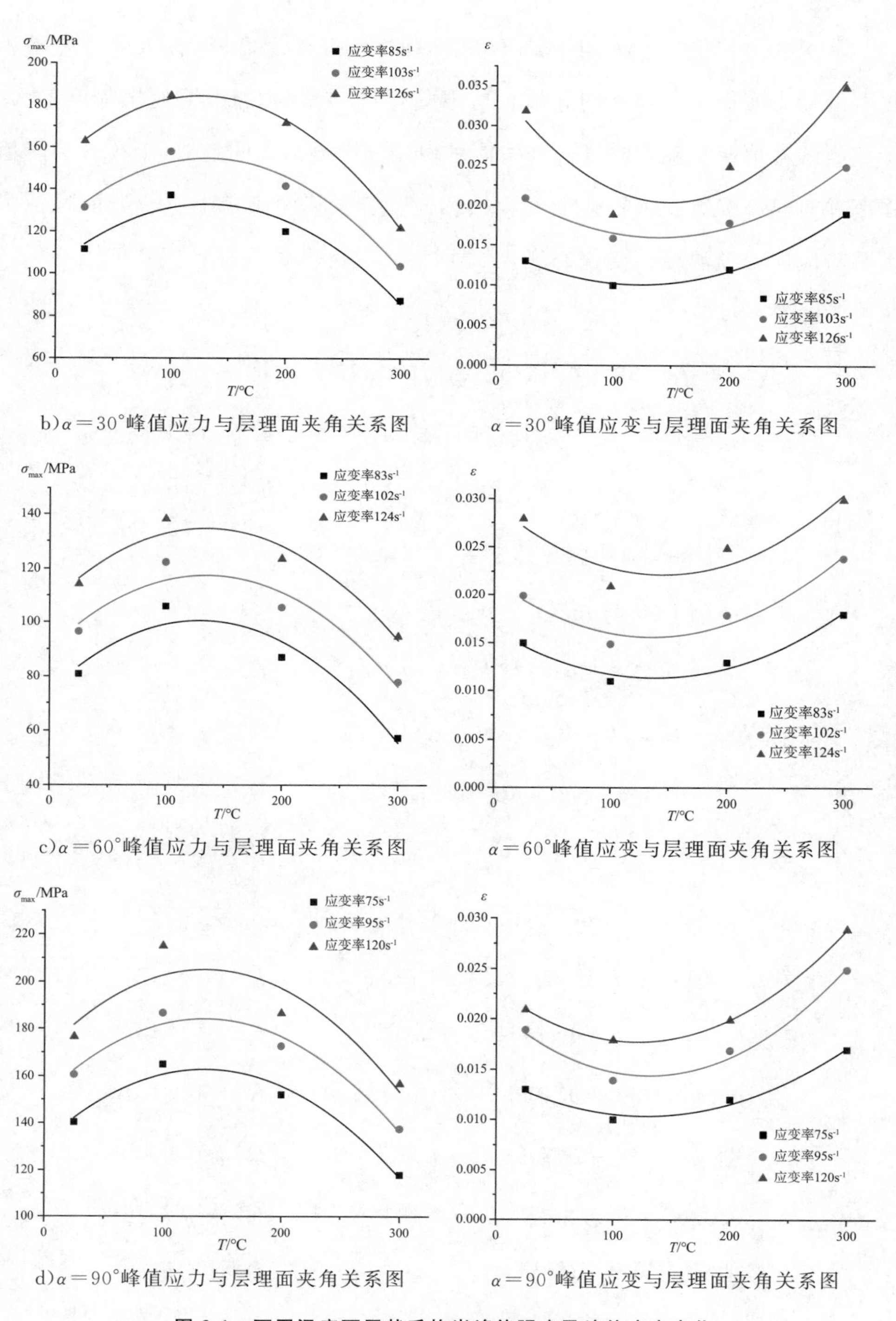

b) $\alpha=30°$峰值应力与层理面夹角关系图　　$\alpha=30°$峰值应变与层理面夹角关系图

c) $\alpha=60°$峰值应力与层理面夹角关系图　　$\alpha=60°$峰值应变与层理面夹角关系图

d) $\alpha=90°$峰值应力与层理面夹角关系图　　$\alpha=90°$峰值应变与层理面夹角关系图

图 6-1　不同温度下层状千枚岩峰值强度及峰值应变变化

从图 6-1 中可以看出，在 25～300℃区间内，温度上升时，各级应变率下千枚岩的动态峰值抗压强度均先增长后下降，当 $T=100$℃时，千枚岩强度最大。千枚岩的峰值应变随着温度升高整体呈现先减小再增大的趋势，千枚岩的峰值强度和对应应变表现出较强的温度敏感性。各层理面倾角下千枚岩的峰值强度和对应应变随温度而变化的规律如式(6-1)～式(6-4)所示。

$$\begin{cases} \sigma_{\max 81s^{-1}} = 204.41 + 0.4687T - 0.0018T^2 & R^2 = 0.9827 \\ \sigma_{\max 99s^{-1}} = 180.52 + 0.4380T - 0.0017T^2 & R^2 = 0.9557 \\ \sigma_{\max 123s^{-1}} = 158.62 + 0.4790T - 0.0018T^2 & R^2 = 0.9558 \\ \varepsilon_{81s^{-1}} = 0.0231 - 1.1805E^{-4}T + 4.0749E^{-7}T^2 & R^2 = 0.9341 \\ \varepsilon_{99s^{-1}} = 0.0185 - 8.5189E^{-5}T + 3.1540E^{-7}T^2 & R^2 = 0.9431 \\ \varepsilon_{123s^{-1}} = 0.0139 - 5.2363E^{-5}T + 1.9983E^{-7}T^2 & R^2 = 0.9528 \end{cases} \tag{6-1}$$

$$\begin{cases} \sigma_{\max 85s^{-1}} = 152.28 + 0.5192T - 0.0021T^2 & R^2 = 0.9980 \\ \sigma_{\max 103s^{-1}} = 122.86 + 0.4884T - 0.0019T^2 & R^2 = 0.9665 \\ \sigma_{\max 126s^{-1}} = 103.98 + 0.4394T - 0.0017T^2 & R^2 = 0.9451 \\ \varepsilon_{85s^{-1}} = 0.0352 - 1.9769E^{-4}T + 6.6587E^{-7}T^2 & R^2 = 0.8754 \\ \varepsilon_{103s^{-1}} = 0.0229 - 9.7778E^{-5}T + 3.5081E^{-7}T^2 & R^2 = 0.9804 \\ \varepsilon_{126s^{-1}} = 0.0145 - 7.1197E^{-5}T + 2.8817E^{-7}T^2 & R^2 = 0.9971 \end{cases} \tag{6-2}$$

$$\begin{cases} \sigma_{\max 83s^{-1}} = 107.68 + 0.4064T - 0.0015T^2 & R^2 = 0.9437 \\ \sigma_{\max 102s^{-1}} = 90.30 + 0.4096T - 0.0015T^2 & R^2 = 0.9151 \\ \sigma_{\max 124s^{-1}} = 74.62 + 0.3993T - 0.03T^2 & R^2 = 0.9262 \\ \varepsilon_{83s^{-1}} = 0.0295 - 9.9180E^{-5}T + 3.4264E^{-7}T^2 & R^2 = 0.8546 \\ \varepsilon_{102s^{-1}} = 0.0215 - 8.5189E^{-5}T + 3.1540E^{-7}T^2 & R^2 = 0.9431 \\ \varepsilon_{124s^{-1}} = 0.0163 - 7.1931E^{-5}T + 2.6060E^{-7}T^2 & R^2 = 0.9594 \end{cases} \tag{6-3}$$

$$
\begin{cases}
\sigma_{max75s^{-1}} = 170.29 + 0.5204T - 0.0019T^2 & R^2 = 0.8595 \\
\sigma_{max95s^{-1}} = 122.13 + 0.4784T - 0.0018T^2 & R^2 = 0.9659 \\
\sigma_{max120s^{-1}} = 131.68 + 0.4601T - 0.0017T^2 & R^2 = 0.9692 \\
\varepsilon_{75s^{-1}} = 0.0229 - 8.3754E^{-5}T + 3.4706E^{-7}T^2 & R^2 = 0.9999 \\
\varepsilon_{95s^{-1}} = 0.0209 - 9.7746E^{-5}T + 3.7430E^{-7}T^2 & R^2 = 0.9788 \\
\varepsilon_{120s^{-1}} = 0.0141 - 5.8641E^{-5}T + 2.2928E^{-7}T^2 & R^2 = 0.9785
\end{cases}
\tag{6-4}
$$

当 $\alpha=0°$时，温度从 25℃上升到 100℃，$81s^{-1}$、$99s^{-1}$、$123s^{-1}$ 应变率下千枚岩的峰值抗压强度分别提高了 16.3%、13.4%、10.99%，对应的峰值应变分别减小了 23.08%、29.41%、33.33%。千枚岩强度的提高是由于温度的作用使得千枚岩内部的原始微裂隙部分闭合，抵消了由于高温作用产生的新裂隙。100℃作用下峰值应变的减小也能够反映出裂隙闭合现象。在 100℃加热作用下，温度对千枚岩起到负损伤作用。当温度继续上升到 200℃时，加热导致千枚岩产生新裂隙的作用和温度促进闭合的作用基本抵消，千枚岩的峰值强度较 25℃时依然有略微增长，增长率分别为 5.71%、3.72%、4.94%。温度继续增长到 300℃时，千枚岩表面已可见明显变化，颜色变黑且伴有大量白色斑点，试样表面还伴有颗粒体的剥落现象，温度产生的损伤已经远大于温度促进裂隙闭合的作用，千枚岩的强度显著降低。300℃下千枚岩的峰值抗压强度较 25℃时分别降低了 16.2%、14.9%、12.85%。其余层理倾角千枚岩的峰值应力及对应应变也呈现出与 0°相似的规律。即在温度从 25℃向 300℃的变化过程中，在温度为 100℃时，千枚岩强度最大，随后随着温度升高，千枚岩峰值抗压强度下降，峰值应变先降低后上升。温度的作用对千枚岩强度和变形会产生显著影响。

为探究层理、温度和应变率之间的耦合作用，分别采用 MATLAB 对参数 σ_{max}、ε 关于 α 和 T 进行拟合。拟合后的二元函数空间效果分别如图 6-2 和图 6-

3 所示。

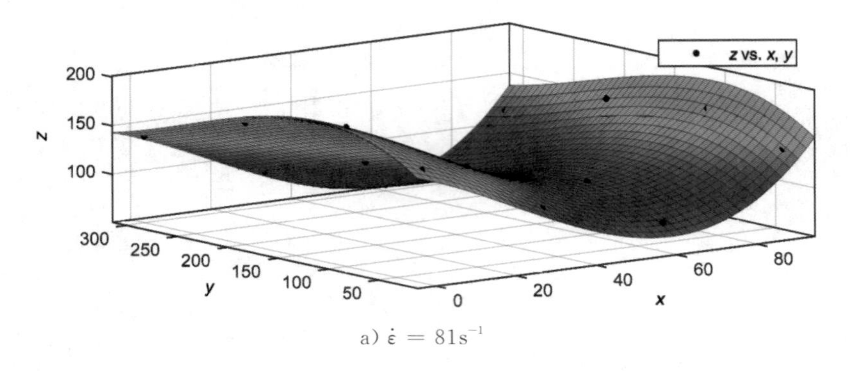

a) $\dot{\varepsilon}=81\mathrm{s}^{-1}$

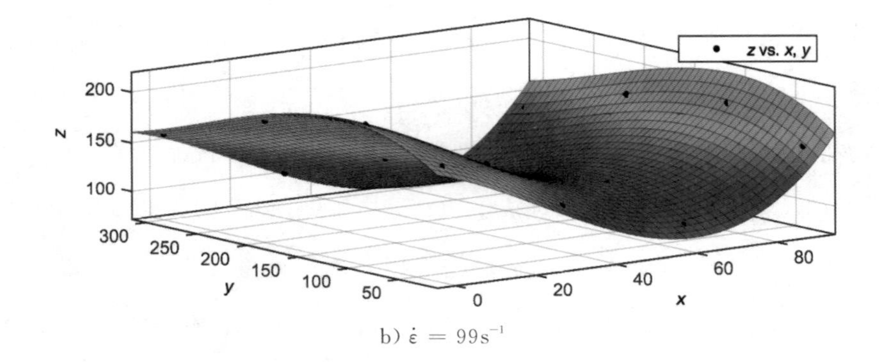

b) $\dot{\varepsilon}=99\mathrm{s}^{-1}$

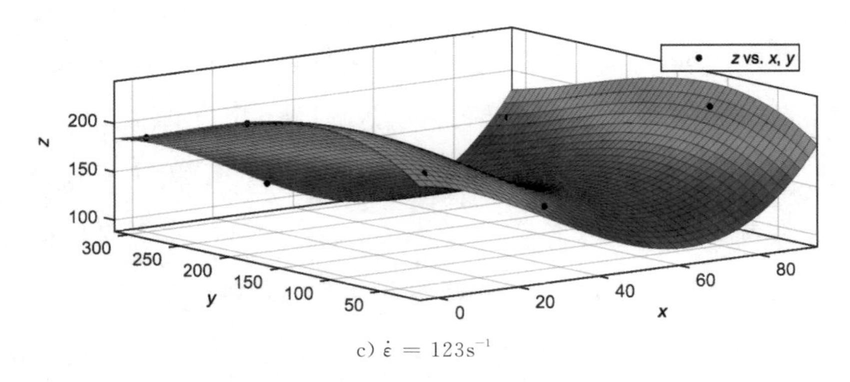

c) $\dot{\varepsilon}=123\mathrm{s}^{-1}$

图 6-2 参数 σ 关于 α 和 T 的二元函数图形(其中 x 为 α、y 为 T、z 为 σ)

二元函数的基本表达式分别为式(6-5)、式(6-6)和式(6-7)三式，拟合度分别为 0.9984、0.9967 和 0.9746：

(a) $\sigma_{\max}=f(\alpha,T)=147.7-1.512\alpha+0.9253T-0.02417\alpha^2-0.0002792\alpha T$

$$-0.005421T^2+0.0004192\alpha^3-4.804E^{-7}\alpha^2T+1.629E^{-6}\alpha T^2$$
$$+7.527E^{-6}T^3 \tag{6-5}$$

$$\text{(b)}\ \sigma_{max}=f(\alpha,T)=169.1-1.457\alpha+0.8985T-0.029\alpha^2-0.0005003\alpha T$$
$$-0.005304T^2+0.000464\alpha^3-3.994E^{-6}\alpha^2T+4.99E^{-7}\alpha T^2$$
$$+7.332E^{-6}T^3 \tag{6-6}$$

$$\text{(c)}\ \sigma_{max}=f(\alpha、T)=193.2-0.8815\alpha+0.943T-0.04815\alpha^2-0.0004988\alpha T$$
$$-0.005483T^2+0.0005966\alpha^3+7.108E^{-6}\alpha^2T+4.355E^{-7}\alpha T^2$$
$$+7.485E^{-6}T^3 \tag{6-7}$$

从图 6-2 中可以看出，σ_{max} 关于 α 和 T 的二元函数图形呈马鞍形。在 x 方向上，σ_{max} 先减小后增大，拐点位于 $\alpha=60°$处，拐点处的 σ_{max} 也为 x 方向的最小值。在 y 方向上，σ_{max} 先增大后减小，拐点位于 $T=100℃$处，拐点处的 σ_{max} 也为 y 方向的最大值。各层理面倾角角度下，千枚岩的动态峰值抗压强度均随温度出现波动现象，表现出一定的温度敏感性。但二元函数图形在 x 方向的波动更大，表明相较于温度，层理面倾角效应对千枚岩的峰值抗压强度有更大的影响作用。当应变率提高时，σ_{max} 在 x 和 y 方向的波动均出现少许增强现象，但整体上看加载率的作用对 σ_{max} 变化规律影响不大。

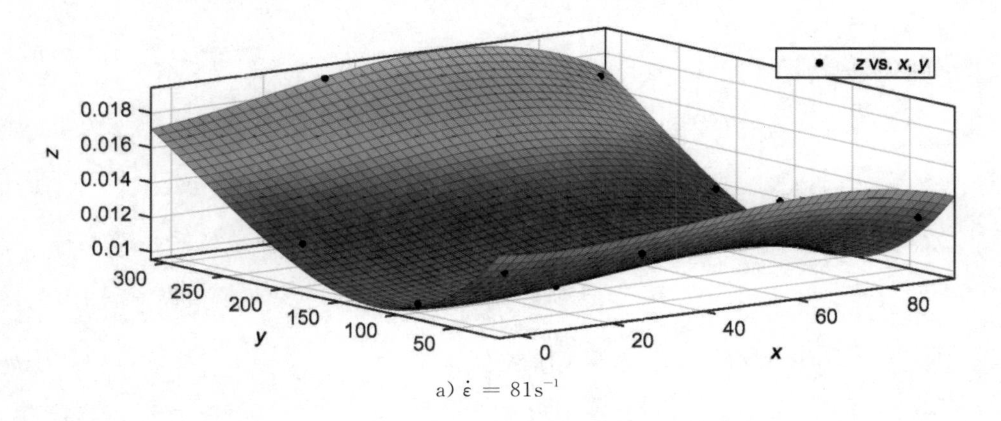

a) $\dot{\varepsilon}=81\text{s}^{-1}$

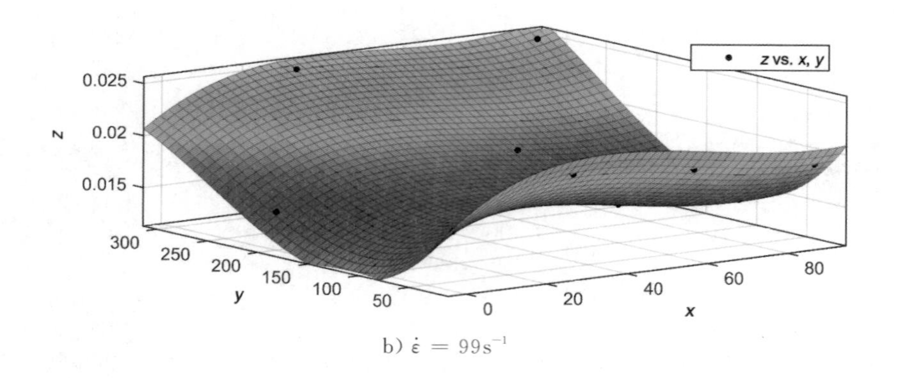

b) $\dot{\varepsilon}=99\text{s}^{-1}$

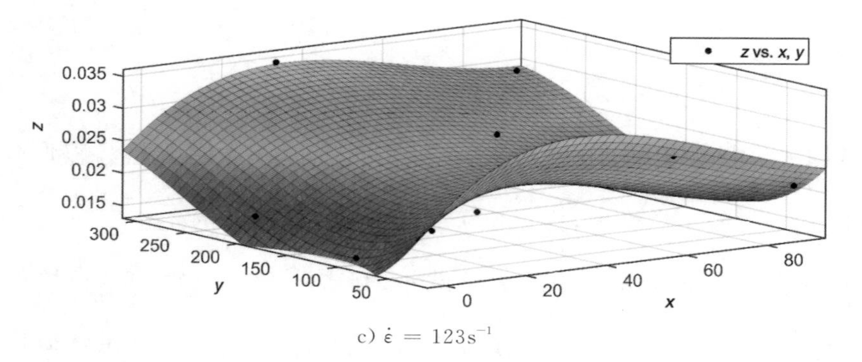

c) $\dot{\varepsilon}=123\text{s}^{-1}$

图 6-3 参数 ε 关于 α 和 T 的二元函数图形(其中 x 为 α、y 为 T、z 为 ε)

二元函数的基本表达式为式(6-8)、式(6-9)和式(6-10),拟合度分别为

$$(a)\ \varepsilon=f(\alpha、T)=0.01536-2.142E^{-5}\alpha-0.0001073T+1.414E^{-6}\alpha^2+1.093E^{-7}\alpha T+5.885E^{-7}T^2-1.235E^{-8}\alpha^3-1.939E^{-9}\alpha^2T+2.026E^{-10}\alpha T^2+7.251E^{-10}T^3 \tag{6-8}$$

$$(b)\ \varepsilon=f(\alpha、T)=0.02042+0.0002794\alpha-0.000162T-5.473E^{-6}\alpha^2-2.763E^{-7}\alpha T+9.165E^{-7}T^2+2.932E^{-8}\alpha^3+2.141E^{-9}\alpha^2T+4.709E^{-10}\alpha T^2-1.229E^{-9}T^3 \tag{6-9}$$

$$(c)\ \varepsilon=f(\alpha、T)=0.02793+0.0005597\alpha-0.000284T-1.094E^{-5}\alpha^2+3.695E^{-7}\alpha T+1.554E^{-6}T^2+5.093E^{-8}\alpha^3+3.354E^{-9}\alpha^2T-1.682E^{-9}\alpha T^2+2.13E^{-9}T^3 \tag{6-10}$$

从图 6-3 中可以看出,ε 关于 α 和 T 的二元函数图形呈倒马鞍形。当应变

率为 $81s^{-1}$ 时，在 x 方向上，ε 波动很小。在 y 方向上，ε 先减小后增大，拐点位于 $T=100$℃处，拐点处的 ε 也为 y 方向的最小值。各层理面倾角角度下，千枚岩的动态峰值应变随温度明显波动，表现出显著的温度敏感性。随着应变率的提高，ε 关于 α 和 T 的二元函数图形在 x 方向的波动逐渐增大，表明随着应变率的提高，峰值应变的层理面倾角效应逐渐加强，不同层理面倾角千枚岩的峰值应变差距逐渐凸显出来。在 $81s^{-1}$ 应变率下，温度效应对千枚岩动态峰值应变的控制占据主导作用，当应变率提高时，层理面效应在千枚岩峰值应变中的作用显著增强。在 $123s^{-1}$ 时，温度效应和层理面倾角效应共同主导千枚岩的动态峰值应变。

第三节　层理倾角、长径比与应变率的耦合分析

一、层理倾角、长径比与应变率耦合作用下峰值抗压强度演化规律

为了探究千枚岩层理倾角、长径比、应变率之间的耦合作用，采用 MATLAB 对峰值应力 σ_{max}、峰值应变 ε 关于层理倾角 α、长径比 L/D 和应变率 $\dot{\varepsilon}$ 进行拟合分析。拟合后的二元函数空间效果如图 6-4～图 6-7 所示。

σ_{max} 关于层理倾角 α 和长径比 L/D 的二元函数表达式和拟合度如式(6-11)所示：

$$\begin{aligned}\sigma_{max}= f(\alpha,L/D)= & -0.3196-5.668\alpha+542.5L/D+0.08097\alpha^2+7.881\alpha L/D \\ & -614.6(L/D)^2-0.0002658\alpha^3-0.1049\alpha^2L/D-3.294\alpha(L/D)^2 \\ & +280.9(L/D)^3+0.0002243(L/D)^3\alpha+0.03233(L/D)^2\alpha^2 \\ & +0.1514(L/D)\alpha^3-47.19\alpha^4 \quad R^2=0.9733\end{aligned} \tag{6-11}$$

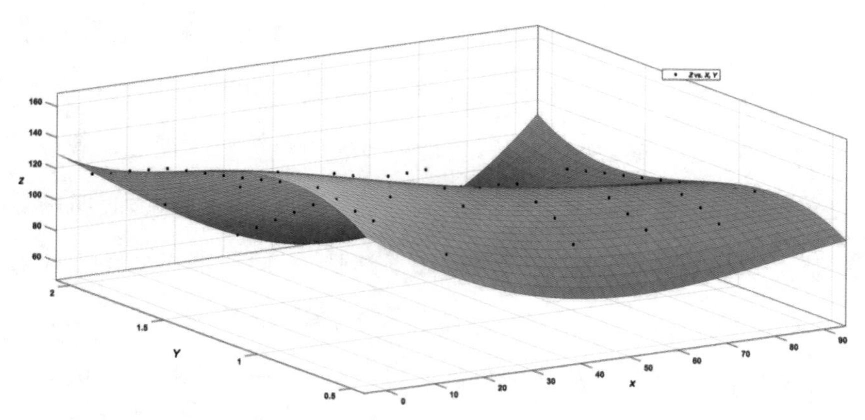

图 6-4　参数 σ 关于 α 和 L/D 的二元函数曲面图(其中 x 为 α、y 为 L/D、z 为 σ)

从图 6-4 中可以看出，σ_{max} 关于 α 和 L/D 的二元函数呈风车形，σ_{max} 在 x 方向上先减小后增大，于 $\alpha = 60°$ 处出现拐点，在该点 σ_{max} 在 x 方向取得最小值。σ_{max} 在 y 方向上先增大后减小，于 $L/D = 1$ 处出现拐点，在该点 σ_{max} 在 y 方向上取得最大值。不同层理面倾角下，千枚岩动态压缩峰值强度随长径比的变化程度存在差异，在层理面倾角 $\alpha=60°$时，千枚岩动态压缩峰值强度随长径比变化起伏最明显，表明千枚岩在倾角 $\alpha=60°$时，长径比效应最为显著。不同长径比下，千枚岩动态压缩峰值强度随层理面倾角变化幅度明显不同，在长径比 $L/D=2$ 时，千枚岩动态压缩峰值强度随层理面倾角变化的幅度最大，表明千枚岩在长径比 $L/D=2$ 时，层理面倾角效应最为显著。

σ_{max} 关于长径比 L/D 和应变率 $\dot{\varepsilon}$ 的二元函数拟合效果如图 6-5 所示，表达式和拟合度如式(6-12)～式(6-15)所示：

$$\alpha = 0^0: \sigma_{max} = f(L/D, \dot{\varepsilon}) = 118.4 - 160.2L/D + 0.2286\dot{\varepsilon} + 4.893(L/D)^2 + 1.82(L/D)\dot{\varepsilon} - 0.002488\dot{\varepsilon}^2 \qquad R^2 = 0.999 \tag{6-12}$$

$$\alpha = 30^0: \sigma_{max} = f(L/D, \dot{\varepsilon}) = 127.2 + 4.455L/D + 10.95\dot{\varepsilon} + 1.281(L/D)^2 + 3.858(L/D)\dot{\varepsilon} - 9.371e^{-3}\dot{\varepsilon}^2 - 4.741e^{-2}(L/D)^2\dot{\varepsilon}^2 + 0.2455(L/D)\dot{\varepsilon}^2 + 1.452\dot{\varepsilon}^3 \qquad R^2 = 0.9557 \tag{6-13}$$

$$\alpha = 60^0: \sigma_{max} = f(L/D, \dot{\varepsilon}) = 2190 - 5124L/D - 47.38\dot{\varepsilon} + 1113(L/D)^2$$

$$+117.9(L/D)\dot{\varepsilon}+0.3175\dot{\varepsilon}^{2}+2405(L/D)^{3}-58.89(L/D)^{2}\dot{\varepsilon}$$
$$-0.6725(L/D)\dot{\varepsilon}^{2}-7.011\mathrm{e}^{-4}\dot{\varepsilon}^{3}-1185(L/D)^{4}+7.005(L/D)^{3}\dot{\varepsilon}$$
$$+0.186(L/D)^{2}\dot{\varepsilon}^{2}+1.226e^{-3}(L/D)\dot{\varepsilon}^{3}\qquad R^{2}=0.9518 \tag{6-14}$$

$$\alpha=90^{0}:\sigma_{\max}=f(L/D,\dot{\varepsilon})=128.8+2.265L/D-10.14\dot{\varepsilon}+6.47(L/D)^{2}$$
$$+6.889(L/D)\dot{\varepsilon}+3.862\dot{\varepsilon}^{2}+1.387e^{-2}(L/D)^{3}+21.99(L/D)^{2}\dot{\varepsilon}$$
$$+9.486(L/D)\dot{\varepsilon}^{2}+12.06\dot{\varepsilon}^{3}-1.232(L/D)^{4}+0.5224(L/D)^{3}\dot{\varepsilon}$$
$$-0.5967(L/D)^{2}\dot{\varepsilon}^{2}-0.323(L/D)\dot{\varepsilon}^{3}+0.4448(L/D)^{5}$$
$$-3.876(L/D)^{4}\dot{\varepsilon}-4.357(L/D)^{3}\dot{\varepsilon}^{2}-6.245(L/D)^{2}\dot{\varepsilon}^{3}$$
$$R^{2}=0.9227 \tag{6-15}$$

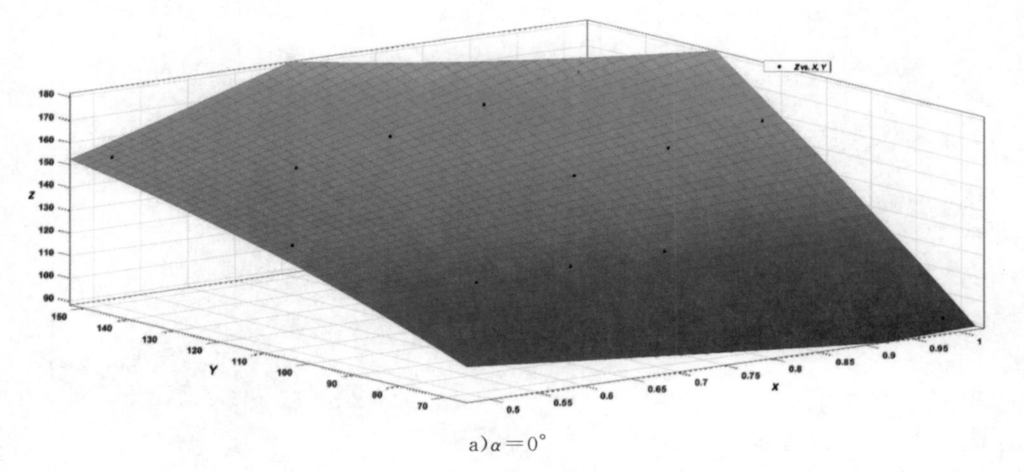

a) $\alpha=0°$

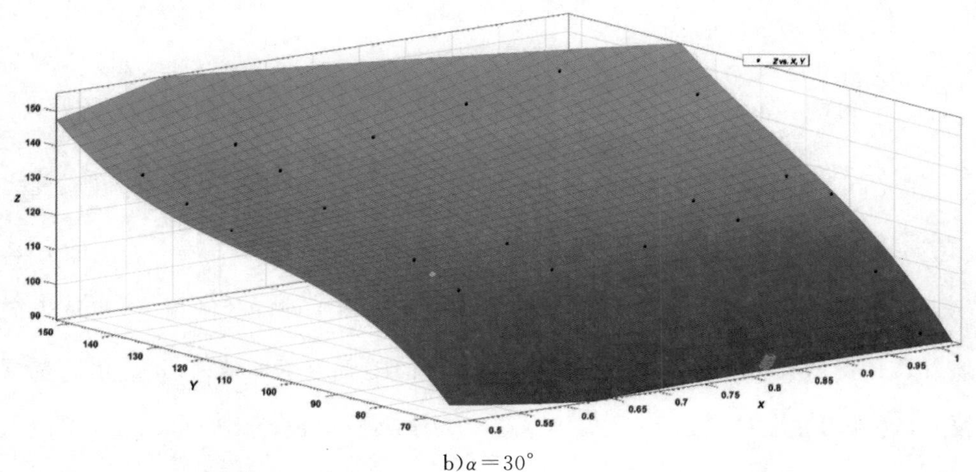

b) $\alpha=30°$

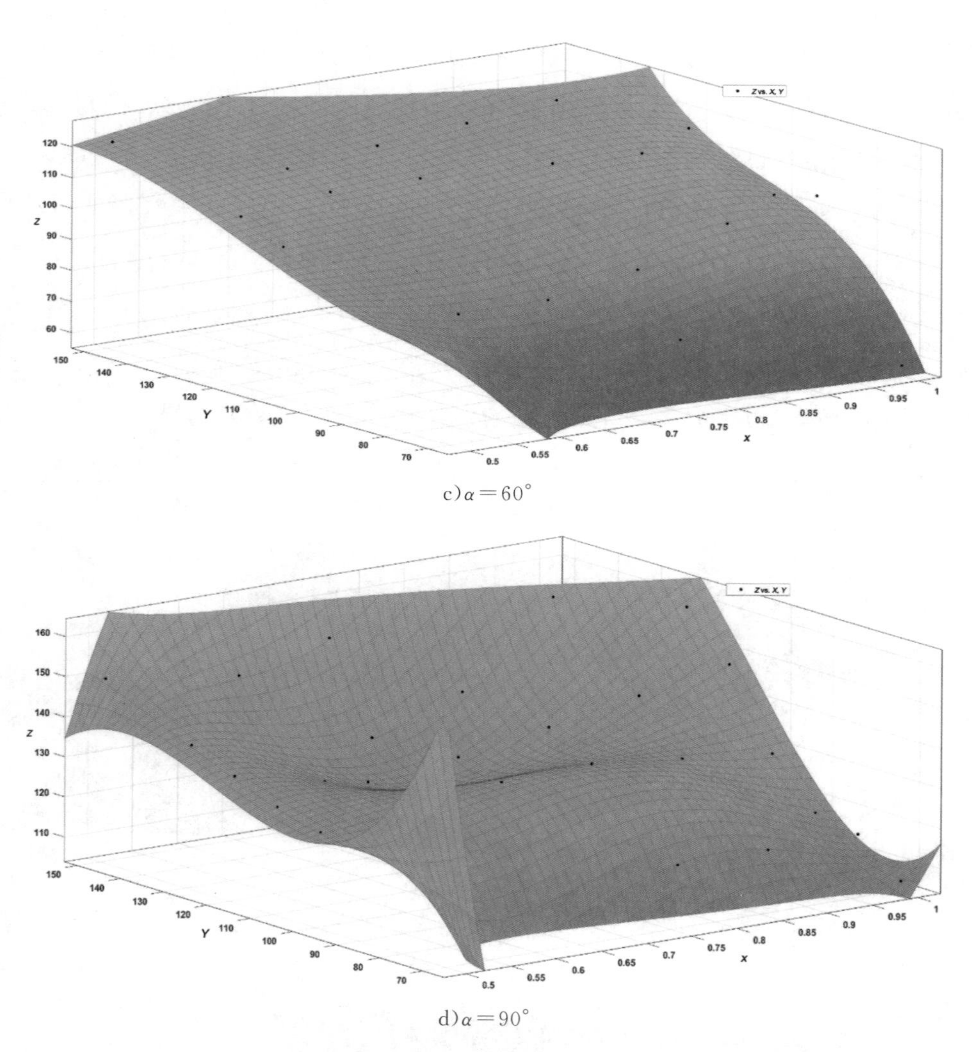

c) $\alpha=60°$

d) $\alpha=90°$

图 6-5　σ 关于 L/D 和 $\dot{\varepsilon}$ 二元函数曲面图(其中 x 为 L/D、y 为 $\dot{\varepsilon}$ 、z 为 σ)

由图 6-5 可知，α 为 0°、30°、60°时，峰值强度 σ_{max} 关于长径比 L/D 和应变率 $\dot{\varepsilon}$ 的二元函数图形整体呈倾斜的曲面，当 $\alpha=90°$时，峰值强度 σ_{max} 关于长径比 L/D 和应变率 $\dot{\varepsilon}$ 的二元函数图形呈阶梯状曲面。在 4 种层理倾角下，在 x 方向随着长径比增大，σ_{max} 波动幅度较小；在 y 方向随着应变率增大，σ_{max} 增长幅度较大，这说明在 4 种倾角下千枚岩的应变率效应强于长径比效应。在 α 为 0°、30°、60°时，在 x 方向长径比从 0.5 增长到 1.0 时，峰值强度 σ_{max} 沿 x 方向均呈增长趋势；在 $\alpha=90°$ 时，峰值强度 σ_{max} 沿 x 方向存在两种变化趋势。第一种为：在应变率为 70～110s^{-1} 范围内，在 x 方向长径比从 0.5 增长到 1.0 时，峰值强度 σ_{max} 沿 x 方向呈现出先升高后降低的趋势；第二种为：在应变率为 110～150s^{-1} 范围内，在 x 方向长径比从 0.5 增长到 1.0 时，峰值强度 σ_{max} 沿 x 方向均呈增长趋势。这表明 90°倾角千枚岩，长径比和应变率的耦合效应最为明显。

二、层理倾角、长径比与应变率耦合作用下峰值应变演化规律

ε 关于层理倾角 α 和长径比 L/D 拟合后的二元函数空间效果如图 6-6 所示，二元函数表达式和拟合度如式(6-16)所示：

$$
\begin{aligned}
\varepsilon = f(\alpha, L/D) =& 1.023e^{-2} - 1.609e^{-3}\alpha - 1.947e^{-3}L/D - 4.901e^{-4}\alpha^{2} \\
& - 1.774e^{-3}\alpha L/D + 2.504e^{-4}(L/D)^{2} + 8.682e^{-4}\alpha^{3} - 7.603e^{-7}\alpha^{2}L/D \\
& - 3.186e^{-4}\alpha(L/D)^{2} - 9.073e^{-5}(L/D)^{3} + 1.793e^{-4}\alpha^{4} \\
& + 6.699e^{-4}\alpha^{3}L/D + 8.221e^{-5}\alpha^{2}(L/D)^{2} + 4.618e^{-4}\alpha(L/D)^{3} \\
& R^{2} = 0.9328
\end{aligned}
\tag{6-16}
$$

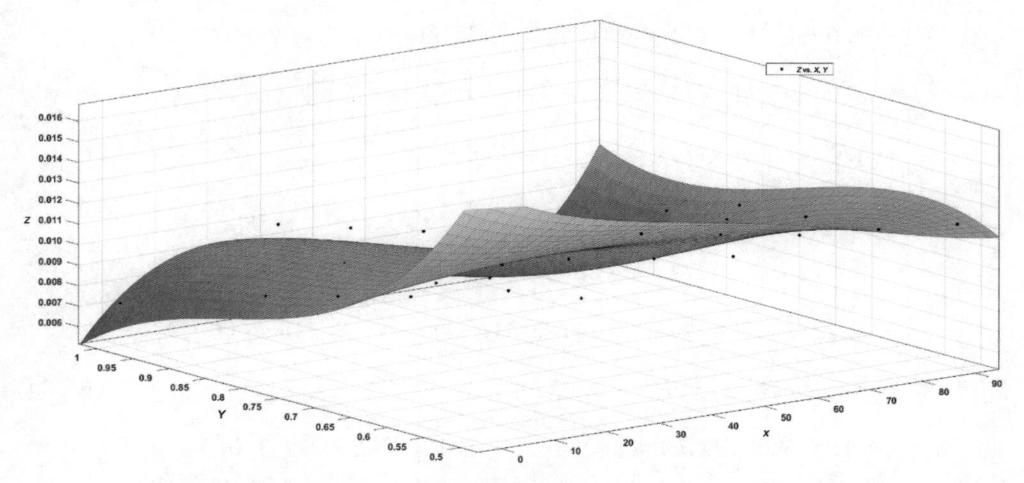

图 6-6 ε 关于 α 和 L/D 的二元函数曲面图(其中 x 为 α、y 为 L/D、z 为 ε)

从图 6-6 中可以看出，ε 关于 α 和 L/D 的二元函数呈飞鸟形。当长径比在 0.5～0.6 范围内时，ε 沿 x 方向呈缓慢递减趋势；当长径比在 0.6～1.0 范围内时，ε 沿 x 方向呈现出先升高后降低再升高的趋势，这表明千枚岩冲击压缩下峰值应变 ε 在层理倾角和长径比方面存在耦合效应，当长径比在 0.5～0.6 范围内时，ε 沿 y 方向的变化弧度较沿 x 方向的变化弧度大，说明此时 ε 的长径比效应大于层理倾角效应。当长径比在 0.6～1.0 范围内时，ε 沿 y 方向的变化弧度较沿 x 方向的变化弧度小，说明此时 ε 的层理倾角效应大于长径比效应。ε 沿 y 方向呈降低趋势，在不同倾角下，ε 随长径比的增大下降幅度存在差异，在倾角 $\alpha=0°$时，ε 随长径比的增大下降幅度最大；在倾角 $\alpha=90°$时，ε 随长径比的增大下降幅度最小，这表明 ε 在 0°倾角下尺寸效应最为显著，在 90°倾角下尺寸效应最弱。

ε 关于长径比 L/D 和应变率 $\dot{\varepsilon}$ 拟合后的二元函数空间效果如图 6-7 所示，二元函数表达式和拟合度如式(6-17)～式(6-20)所示：

$$\begin{aligned}\alpha=0^0:\varepsilon=f(L/D,\dot{\varepsilon})=&-0.6191+1.217L/D+1.414e^{-2}\dot{\varepsilon}\\&-0.6594(L/D)^2-2.397e^{-2}(L/D)\dot{\varepsilon}-1.095e^{-4}\dot{\varepsilon}^2+0.1703(L/D)^3\\&+8.098e^{-3}(L/D)^2\dot{\varepsilon}+1.624e^{-4}(L/D)\dot{\varepsilon}^2+3.002e^{-7}\dot{\varepsilon}^3\\&+3.083e^{-3}(L/D)-1.67e^{-3}(L/D)^3\dot{\varepsilon}-1.74e^{-5}(L/D)^2\dot{\varepsilon}^2\\&-4.164e^{-7}(L/D)\dot{\varepsilon}^3\qquad R^2=0.999\end{aligned}\tag{6-17}$$

$$\begin{aligned}\alpha=30^0:\varepsilon=f(L/D,\dot{\varepsilon})=&8.723e^{-3}+3.168e^{-4}L/D+2.349e^{-3}\dot{\varepsilon}\\&-9.972e^{-5}(L/D)^2+4.96e^{-4}(L/D)\dot{\varepsilon}+2.296e^{-4}\dot{\varepsilon}^2\\&+5.228e^{-5}(L/D)^3-8.178e^{-5}(L/D)^2\dot{\varepsilon}-5.348e^{-5}(L/D)\dot{\varepsilon}^2\\&-1.519e^{-4}\dot{\varepsilon}^3\qquad R^2=0.994\end{aligned}\tag{6-18}$$

$$\begin{aligned}\alpha=60^0:\varepsilon=f(L/D,\dot{\varepsilon})=&8.056e^{-3}+7.135e^{-4}L/D+3.095e^{-3}\dot{\varepsilon}\\&-1.848e^{-4}(L/D)^2+2.41e^{-4}(L/D)\dot{\varepsilon}+2.046e^{-4}\dot{\varepsilon}^2\\&+9.904e^{-5}(L/D)^3-1.712e^{-4}(L/D)^2\dot{\varepsilon}-3.485e^{-4}(L/D)\dot{\varepsilon}^2\end{aligned}$$

$$-4.483e^{-4}\dot{\varepsilon}^3 \qquad R^2=0.9911 \tag{6-19}$$

$$\alpha=90^0:\varepsilon=f(L/D,\dot{\varepsilon})=0.01-8.608e^{-5}L/D+2.58e^{-3}\dot{\varepsilon}$$

$$+1.58e^{-4}(L/D)^2+2.047e^{-4}(L/D)\dot{\varepsilon}+2.995e^{-5}\dot{\varepsilon}^2-2.65e^{-5}(L/D)^3$$

$$+1.667e^{-4}(L/D)^2\dot{\varepsilon}+1.579e^{-4}(L/D)\dot{\varepsilon}^2-2.518e^{-4}\dot{\varepsilon}^3$$

$$R^2=0.979 \tag{6-20}$$

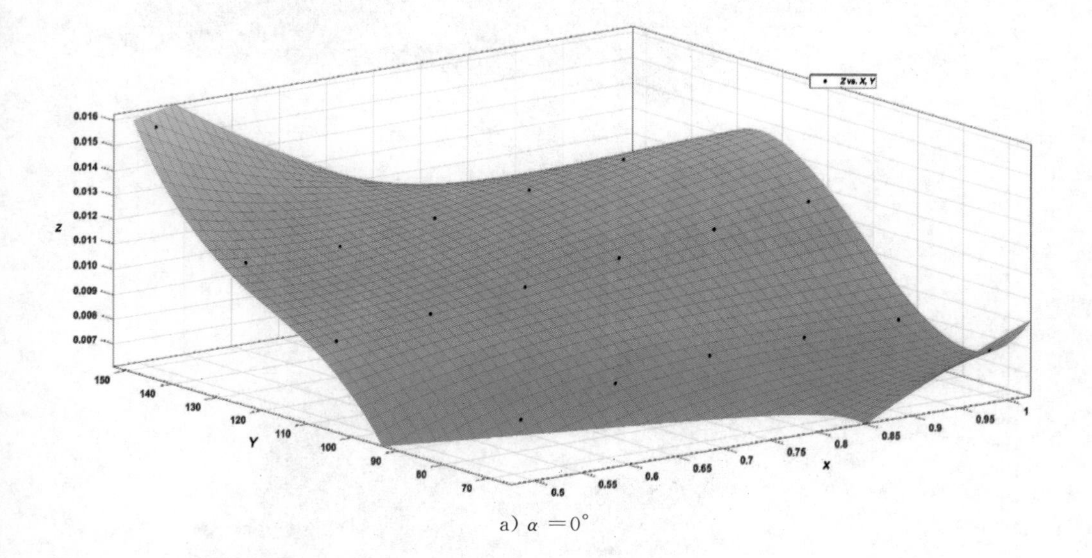

a) $\alpha=0°$

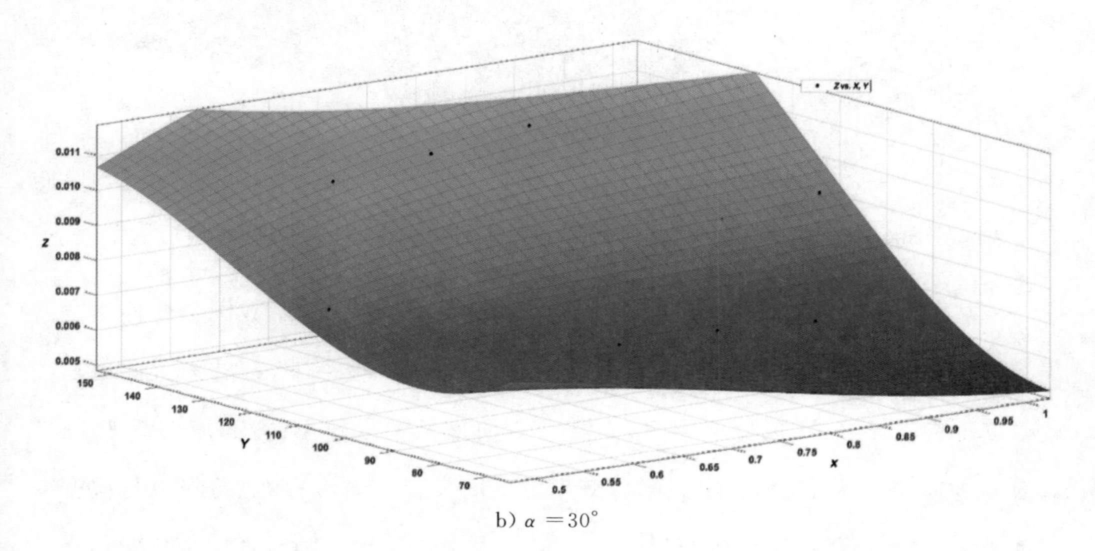

b) $\alpha=30°$

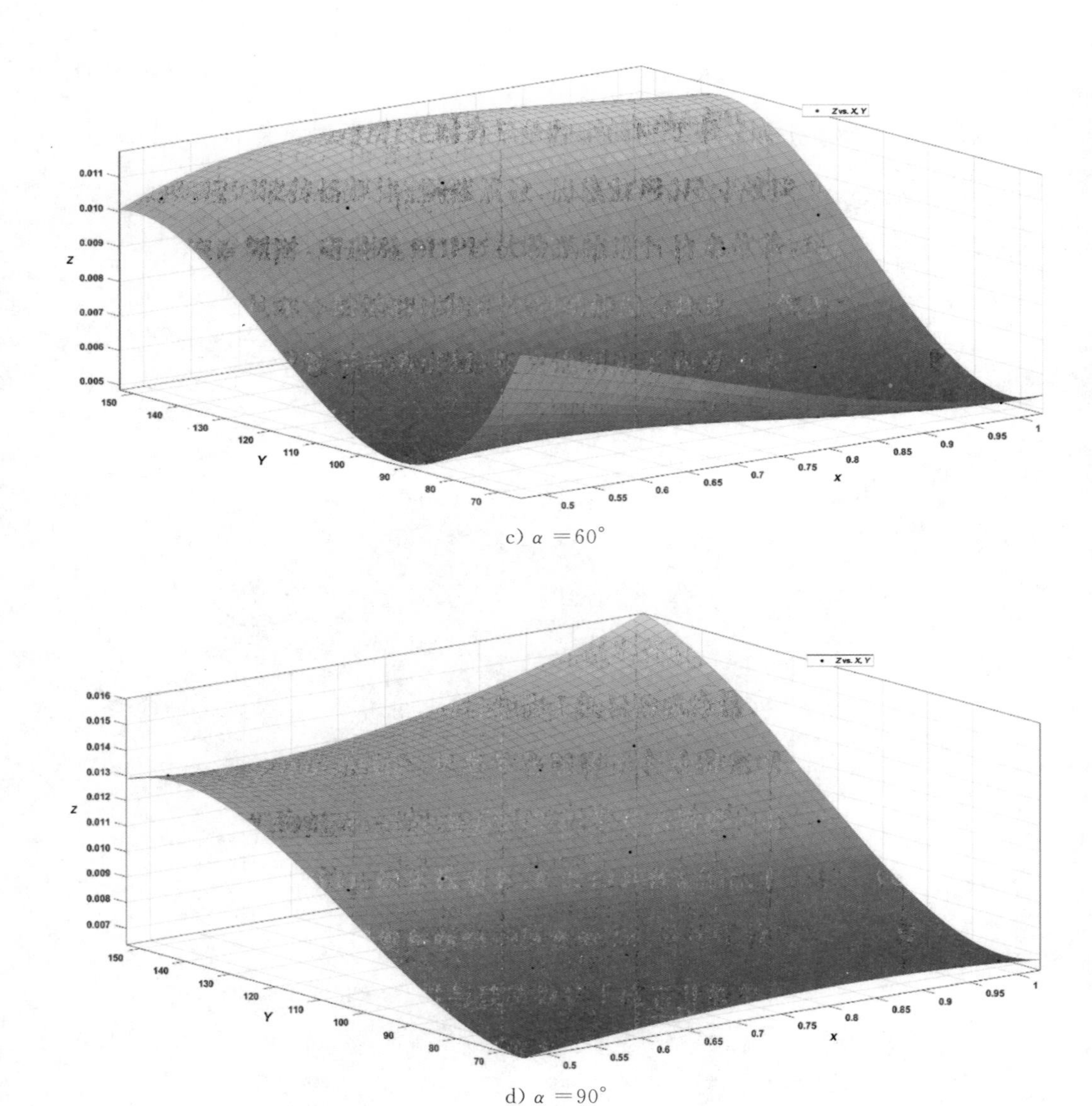

c) α =60°

d) α =90°

图 6-7 ε 关于 L/D 和 $\dot{\varepsilon}$ 的二元函数曲面图(其中 x 为 L/D、y 为 $\dot{\varepsilon}$、z 为 ε)

从图 6-7 中可知，ε 关于长径比 L/D 和应变率 $\dot{\varepsilon}$ 的二元函数图形整体呈滑梯形。4 种倾角下，ε 沿 x 方向呈增长趋势，在不同应变率下，ε 沿 x 方向增长幅度也存在差异，在低应变率下，ε 沿 x 方向增长幅度较小；在高应变率下，ε 沿 x 方向增长幅度较大，这说明应变率对 ε 的长径比效应存在加强作用，应变率越大，ε 的长径比效应越明显。当 α =0°时，ε 沿 y 方向随长径比变化的趋势不一致，当长径比在0.5～0.7范围内时，ε沿y方向逐渐增大；当长径比在0.7～0.85范围内时，ε沿y方向先增大后减小；当长径比在0.85～1.0范围内时，ε沿y方向先减小后增大再减小。当α为0°、90°时，ε沿y方向逐渐增大。当$\alpha=60°$时，ε沿y方向先减小后增大再减小。同时发现，4种倾角下，ε沿y方向的变化幅度大于沿x方向的变化幅度，说明动态冲击下ε的应变率效应均强于长径比效应。

第四节　小　　结

(1)峰值强度σ_{max}关于层理倾角α和长径比L/D的二元函数呈风车形，不同层理面倾角下，千枚岩动态压缩峰值强度随长径比变化存在差异性，在层理面倾角$\alpha=60°$时，千枚岩动态压缩抗压强度长径比效应最为显著；在长径比$L/D=2$时，千枚岩动态抗压强度倾角效应最为显著。当α为0°、30°、60°时，峰值强度σ_{max}关于长径比L/D和应变率$\dot{\varepsilon}$的二元函数图形整体呈倾斜的曲面，当$\alpha=90°$时，峰值强度σ_{max}关于长径比L/D和应变率$\dot{\varepsilon}$的二元函数图形呈阶梯状曲面。在4种倾角下千枚岩的应变率效应强于长径比效应。90°倾角下的千枚岩，长径比和应变率的耦合效应最为明显。

(2)峰值应变ε关于层理倾角α和长径比L/D的二元函数呈飞鸟形。长径比在0.5～0.6范围内时，ε沿倾角方向呈缓慢递减趋势；长径比在0.6～1.0范围内时，ε沿层理倾角方向呈现出先升高后降低再升高的趋势。这表明千枚岩冲击压缩下峰值应变ε在层理倾角和长径比方面存在耦合效应，长径比在0.5～0.6范围内时，峰值应变的长径比效应强于层理倾角效应。长径比在0.6～1.0范围内时，峰值应变的层理倾角效应强于长径比效应。峰值应变在0°倾角下尺寸效应最为显著，在 90°倾角下尺寸效应最弱。峰值应变关于长径比和应变率的二元函数图形整体呈滑梯形。动态冲击下 4 种倾角千枚岩峰值应变的应变率效应均明显强于长径比效应。

参考文献

[1]许江波，费东阳，孙浩珲，崔易仑．节理千枚岩能量传递与动力学特性[J]．东北大学学报(自然科学版)，2021，42(7)：986－995.

[2]许江波，崔易仑，孙浩珲，费东阳，晏长根．节理千枚岩动力学特性研究[J]．地下空间与工程学报，2022，18(8)：97－113.

[3]中共中央关于制定国民经济和社会发展第十四个五年规划和二〇三五年远景目标的建议[N]．人民日报，2020-11-04(001).

[4]李嘉鑫．千枚岩工程性质及其路基防排水技术研究[D]．西安：长安大学，2015.

[5]赵卫．杜家山隧道千枚岩围岩的动力效应分析[D]．成都：成都理工大学，2012.

[6]吴永胜，谭忠盛，喻渝，姜波，余贤斌．川西北茂县群千枚岩各向异性力学特性[J]．岩土力学，2018，39(1)：207-215.

[7]黄理兴．岩石动力学简介[J]．爆炸与冲击，2019，39(8)：203.

[8]赵光明主编；孟祥瑞，孙建，刘钦节副主编．矿山岩石力学[M]．徐州：中国矿业大学出版社，2015.

[9]杨岳峰．基于模拟的岩石类材料在动载作用下的裂缝扩展研究[D]．大连：大连理工大学，2012.

[10]夏开文,王帅,徐颖,陈荣,吴帮标. 深部岩石动力学实验研究进展[J]. 岩石力学与工程学报,2021,40(X):1-28.

[11]李明,张连英,卢爱红,等. 高温及冲击载荷作用下煤系砂岩损伤破裂机理研究[M]. 徐州:中国矿业大学出版社,2017.

[12]戴俊. 岩石动力学特性与爆破理论[M]. 北京:冶金工业出版社,2013.

[13]李明. 高温及冲击载荷作用下煤系砂岩损伤破裂机理研究[D]. 徐州:中国矿业大学,2014.

[14]任兴涛,周听清,钟方平,胡永乐,王万鹏. 花岗岩动态力学性能的实验研究[J]. 实验力学,2010,25(6):723-730.

[15]李夕兵,赖海辉,朱成忠. 冲击载荷下岩石破碎能耗及其力学性质的研究[D]. 长沙:中南工业大学,1986.

[16]周子龙. 岩石动静组合加载实验与力学特性研究[D]. 长沙:中南大学,2007.

[17]于亚伦. 高应变率下的岩石动载特性对爆破效果的影响[J]. 岩石力学与工程学报,1993,12(4):345-352.

[18]王林,于亚伦. 三轴 SHPB 冲击作用下岩石破坏机理的研究[J]. 爆炸与冲击,1993,13(1):84-89.

[19]单仁亮. 岩石冲击破坏力学模型及其随机性研究[D]. 北京:中国矿业大学,1997.

[20]宫凤强. 动静组合加载下岩石力学特性和动态强度准则的试验研究[D]. 长沙:中南大学,2010.

[21]席道瑛,徐松林. 岩石物理学基础[M]. 合肥:中国科学技术大学出版社,2012.

[22]杜彬. 酸性环境干湿循环作用下红砂岩动态力学特性研究[D]. 徐

州:中国矿业大学,2019.
[23]罗小杰. 千枚岩的工程性能[J]. 人民长江,1994(12):48-52.
[24]郑达,巨能攀. 某水电站坝址千枚岩的岩石强度各向异性特征[J]. 成都理工大学学报(自然科学版),2011,38(4):438-442.
[25]周阳,苏生瑞,李鹏,马洪生,张晓东. 板裂千枚岩微观结构与力学性质[J]. 吉林大学学报(地球科学版),2019,49(2):504-513.
[26]吴永胜. 千枚岩隧道围岩力学特性研究及工程应用[D]. 北京:北京交通大学,2017.
[27]周阳,苏生瑞,李鹏,索蔚辰. 绿泥石千枚岩力学性质及其饱水劣化机制[J]. 中国地质灾害与防治学报,2020,31(1):95-101.
[28]许圣祥,王孝国,孟陆波,武东生. 三轴压缩条件下千枚岩力学及扩容特征分析[J]. 现代隧道技术,2021,58(1):160-167.
[29]郑达,巨能攀. 千枚岩岩石微观破裂机理与断裂特征研究[J]. 工程地质学报,2011,19(3):317-322.
[30]王丰,孟陆波,李天斌. 节理面对千枚岩物理力学性状的影响[J]. 工业建筑,2014,44(8):108-113,117.
[31]王丰,孟陆波,李天斌. 千枚岩常规三轴压缩各向异性特征试验研究[J]. 公路,2014,59(10):216-222.
[32]蒲超,孟陆波,李天斌. 三轴压缩条件下千枚岩破裂与能量特征研究[J]. 工程地质学报,2017,25(2):359-366.
[33]蔺海晓,钱立振,程龙,郭腾飞. 层状千枚岩的断裂特性[J]. 高压物理学报,2021,35(5):113-124.
[34]任光明,徐树峰,段雪琴,贾欣媛,李林. 千枚岩的剪切流变特性研究[J]. 矿物岩石,2012,32(4):1-6.
[35]曾鹏,纪洪广,赵奎,李成江. 绢云母化千枚岩各向异性特性及长期强

度试验研究[J]. 中国矿业,2016,25(4):141-145.

[36]袁泉,谭彩,李列列．千枚岩单轴压缩各向异性蠕变特性试验研究[J]. 水电能源科学,2019,37(11):148-151,78.

[37]朱秋雷．千枚岩强度参数各向异性及对隧道围岩大变形的影响[D]. 成都:成都理工大学,2019.

[38]李淼,崔明．基于单轴加卸载试验的千枚岩岩爆倾向性研究[J]. 中国矿业,2017,26(1):151-155.

[39]杨建明,乔兰,李远,李庆文,李淼．层理倾角对受载千枚岩能量演化及岩爆倾向性影响[J]. 工程科学学报,2019,41(10):1258-1265.

[40]陈子全,何川,吴迪,甘林卫,徐国文,杨文波．深埋碳质千枚岩力学特性及其能量损伤演化机制[J]. 岩土力学,2018,39(2):445-456.

[41]陈子全．高地应力层状软岩隧道围岩变形机理与支护结构体系力学行为研究[D]. 成都:西南交通大学,2019.

[42]梁昌玉,李晓,吴树仁. 中低应变率加载条件下花岗岩尺寸效应的能量特征研究[J]. 岩土力学,2016,37(12):3472-3480.

[43]梁昌玉,李晓,张辉等．中低应变率范围内花岗岩单轴压缩特性的尺寸效应研究[J]. 岩石力学与工程学报,2013,32(3):528-536.

[44]李夕兵．岩石动力学基础与应用[M]. 北京:科学出版社,2014.

[45]杜晶．不同长径比下岩石冲击动力学特性研究[D]. 长沙:中南大学,2011.

[46]洪亮. 冲击荷载下岩石强度及破碎能耗特征的尺寸效应研究[D]. 长沙:中南大学,2008.

[47]高富强,杨军,刘永茜等．岩石准静态和动态冲击试验及尺寸效应研究[J]. 煤炭科学技术,2009,37(4):19-22,68.

[48]李地元,肖鹏,谢涛等．动静态压缩下岩石试样的长径比效应研究

[J]. 实验力学,2018,33(1):93-100.

[49]许江波,费东阳,孙浩珲,崔易仑. 节理千枚岩能量传递与动力学特性[J]. 东北大学学报(自然科学版),2021,42(7):986-995.

[50]武仁杰,李海波,李晓锋,岳好真,于崇,夏祥. 不同冲击载荷下层状千枚岩压缩力学特性研究[J]. 岩石力学与工程学报,2019,38(S2):3304-3312.

[51]武仁杰,李海波. SHPB冲击作用下层状千枚岩多尺度破坏机理研究[J]. 爆炸与冲击,2019,39(8):105-114.

[52]于妍宁,王雪松,潘博,郭连军. 多次冲击荷载对千枚岩性质影响研究[J]. 矿业研究与开发,2019,39(8):63-67.

[53]朱瑞赓, 吴绵拔. 不同加载速率条件下花岗岩的破坏判据[J]. 爆炸与冲击, 1984, 4(1): 1-9.

[54]王武林, 刘远惠, 陆以璐等. RDT-10000型岩石高压动力三轴仪的研制[J]. 岩土力学, 1989, 10(2): 69-82.

[55]杨春和, 李廷芥. 地质材料率性相关的内变量本构理论的研究[J]. 岩土力学, 1992, 13(1): 74-80.

[56]李海波,赵坚,李俊如等. 三轴情况下花岗岩动态力学特性的实验研究[J]. 爆炸与冲击, 2004, 24(5):470-474.

[57]翟越,马国伟,赵均海等. 花岗岩和混凝土在单轴冲击压缩荷载下的动态性能比较[J]. 岩石力学与工程学报,2007, 26 (4): 762-768.

[58]翟越, 马国伟, 赵均海等. 花岗岩在单轴冲击压缩荷载下的动态断裂分析[J]. 岩土工程学报, 2007(3): 385-390.

[59]翟越. 岩石类材料的动态性能研究[D]. 西安: 长安大学, 2008.

[60]李夕兵,陈寿如,古德生. 岩石在不同加载波下的动载强度[J]. 中南矿冶学院学报, 1994,25(3): 301-304.

[61]李夕兵,周子龙，叶州元等．岩石动静组合加载力学特性研究[J]. 岩石力学与工程学报，2008，27(7)：1387-1395.

[62]李夕兵，宫凤强，高科等．一维动静组合加载下岩石冲击破坏试验研究[J]. 岩石力学与工程学报，2010，29(2)：251-260.

[63]姜峰,李子沐,王宁昌等．高应变率条件下山西黑花岗岩的动态力学性能研究[J]. 振动与冲击，2016，35(8)：177-182.

[64]何满潮,赵菲,张昱等．瞬时应变型岩爆模拟试验中花岗岩主频特征演化规律分析[J]. 岩土力学,2015,36(1):1-8,33.

[65]张鹏,柴肇云．干湿循环致砂岩单轴抗压强度弱化规律试验研究[J]. 煤炭科学技术,2016,44(S1):28-30,42.

[66]王子娟．干湿循环作用下砂岩的宏细观损伤演化及本构模型研究[D]. 重庆:重庆大学,2016.

[67]刘小红,朱杰兵,曾平,汪斌．干湿循环对岸坡粉砂岩劣化作用试验研究[J]. 长江科学院院报,2015,32(10):74-77,84.

[68]傅晏．干湿循环水岩相互作用下岩石劣化机制研究[D]. 重庆:重庆大学,2010.

[69]傅晏,王子娟,刘新荣,袁文,缪露莉,刘俊,邓志云．干湿循环作用下砂岩细观损伤演化及宏观劣化研究[J]. 岩土工程学报,2017,39(9):1653-1661.

[70]韩铁林,师俊平,陈蕴生．冻融循环和干湿循环作用下砂岩断裂韧度及其与强度特征相关性的试验研究[J]. 固体力学学报,2016,37(4):348-359.

[71]朱江鸿,韩淑娴,童艳梅,李燕,余荣光,张虎元．干湿循环对不同密度砂岩强度劣化的影响[J]. 华南理工大学学报(自然科学版),2019,47(3):126-134.

[72]田巍巍. 干湿循环下不同风化程度泥质粉砂岩崩解特性试验研究[J]. 水资源与水工程学报,2018,29(6):223-226.

[73]马芹永,郁培阳,袁璞. 干湿循环对深部粉砂岩蠕变特性影响的试验研究[J]. 岩石力学与工程学报,2018,37(3):593-600.

[74]姜永东,阎宗岭,刘元雪,阳兴洋,熊令. 干湿循环作用下岩石力学性质的实验研究[J]. 中国矿业,2011,20(5):104-106,110.

[75]李地元,莫秋喆,韩震宇. 干湿循环作用下红页岩静态力学特性研究[J]. 铁道科学与工程学报,2018,15(5):1171-1177.

[76]苗亮,韩松,申培武,何成,申兴月. 巴东组紫红色泥岩干湿循环强度弱化特性的试验研究[J]. 安全与环境工程,2019,26(6):85-93.

[77]王伟,龚传根,朱鹏辉,朱其志,徐卫亚. 大理岩干湿循环力学特性试验研究[J]. 水利学报,2017,48(10):1175-1184.

[78]宋朝阳,纪洪广,刘志强,张月征,王桦,谭杰. 干湿循环作用下弱胶结岩石声发射特征试验研究[J]. 采矿与安全工程学报,2019,36(4):812-819.

[79]宋朝阳,纪洪广,张月征,谭杰,孙利辉. 不同粒度弱胶结砂岩声发射信号源与其临界破坏前兆信息判识[J]. 煤炭学报,2020,45(12):4028-4036.

[80]王明芳. 干湿循环作用下石膏质岩劣化特征与机制研究[D]. 武汉:中国地质大学,2018.

[81]杜彬,白海波,马占国,李明,武光明. 干湿循环作用下红砂岩动态拉伸力学性能试验研究[J]. 岩石力学与工程学报,2018,37(7):1671-1679.

[82]袁璞,马冬冬. 干湿循环与动载耦合作用下煤矿砂岩损伤演化及本构模型研究[J]. 长江科学院院报,2019,36(8):119-124.

[83]赵建军,解明礼,李涛,谭盛宇,巨能攀,步凡．饱水条件下千枚岩软化效应试验分析[J]. 工程地质学报,2017,25(6):1449-1454.

[84]崔凯,王珮,谌文武,吴国鹏．不同干湿作用下斜坡表层千枚岩劣化实验研究[J]. 工程地质学报,2019,27(2):230-238.

[85]蒋钰峰,吴光,刘芳．冻融循环条件下碳质千枚岩物理力学性质研究[J]. 水文地质工程地质,2018,45(6):114-121.

[86]吴国鹏．白龙江中游地区板岩与千枚岩水-热致劣过程与机理研究[D]. 兰州:兰州大学,2019.

[87]张闯,任松,张平,隆能增．水、孔洞及层理耦合作用下的千枚岩巴西劈裂试验研究[J]. 岩土力学,2021,42(6):1612-1624.

[88]李春,胡耀青,张纯旺,赵中瑞,靳佩桦,胡跃飞,赵国凯．不同温度循环冷却作用后花岗岩巴西劈裂特征及其物理力学特性演化规律研究[J]. 岩石力学与工程学报,2020,39(9):1797-1807.

[89]倪骁慧,李晓娟,朱珍德．不同温度循环作用后大理岩细观损伤特征的定量研究[J]. 煤炭学报,2011,36(2):248-254.

[90]余莉,闫名卉,陈艳平,彭海旺．热-液耦合作用下花岗岩单轴力学特性的实验研究[J]. 科学技术与工程,2019,19(31):311-318.

[91]明杏芬,范成伟．温度循环对岩石物理力学性质影响[J]. 科学技术与工程,2017,17(13):261-265.

[92]张勇．温度循环作用后蚀变岩力学参数劣化规律的探究[J]. 工程地质学报,2017,25(2):410-415.

[93]赵国凯．温度与载荷循环作用下花岗岩力学特性变化规律研究[D]. 太原:太原理工大学,2019.

[94]朱小舟．循环温度作用下花岗岩单一裂隙演化规律及其渗透性研究[D]. 太原:太原理工大学,2019.

[95]朱珍德,李道伟,蒋志坚,刘金辉,杨永杰．温度循环作用下深埋隧洞围岩细观结构的定量描述[J]．岩土力学,2009,30(11):3237-3241,3248.

[96]平琦,吴明静,张欢,袁璞．高温条件下砂岩动态力学特性试验研究[J]．地下空间与工程学报,2019,15(3):691-698.

[97]平琦,吴明静,袁璞,张欢．冲击载荷作用下高温砂岩动态力学性能试验研究[J]．岩石力学与工程学报,2019,38(4):782-792.

[98]XIA K,YAO W. Dynamic rock tests using split Hopkinson(Kolsky) bar system-A review[J]. Journal of Rock Mechanics and Geotechnical Engineering,2015,7(1):27-59.

[99]LINDHOLM U S,YEAKLEY L M. High strain-rate testing:Tension and compression[J]. Experimental Mechanics,1968,8(1):1-9.

[100]Davies R M. A critical study of the Hopkinson Pressure Bar [J]. Philosophical Transactions of the Royal Society of London. Series A. Mathematical and Physical Sciences, 1948, 240 (821): 375-457.

[101]Kolsky H. Stress waves in solids [M]. Dover, New York: 1963.

[102]Kolsky H. An investigation of the mechanical properties of materials at very high rates of loading [J]. Proceedings of the Physical Society. Section B,1948, 62(11): 676-700.

[103]Lindholm U. S. Some experiments with the split Hopkinson bar [J]. Journal of Mechanics and Physics of Solids,1964, 12(5): 317-325.

[104]Kumar A. The effect of stress rate and temperature on the strength of basalt and granite [J]. Geophysics, 1968, 33(3): 501-510.

[105]Hakalento W A. Brittle fracture of rock under impulse loads[J]. Int. J. Frac. Mech,1970(6).

[106]Kumano A, Coldsmith W. An Analytical and Experimental Investigation of the Effect of Impact on Coarse Granular Rocks [J]. Rock Mech,1982(15):67-97.

[107]Mohanty B. Strength of Rock Under High Strain Rate Loading Conditions Applicable to Blasting [C]. //Proceeding of 2th Int. Symp. On Rock Frag. Blasting, 1988:72-78.

[108]Blanton T L. Effect of Strain Rates from 10-2 to 10s-1 in Triaxial Compression Tests on Three Rocks [J]. Int. J. Rock. Mech. Sci. & Gromech. Abstr, 1981,18(1):47-62.

[109]Mervyn S P, Wong T F. Experimental rock deformation-the brittle field [M]. Springer Berlin, 2005.

[110]Kumar A. The effect of stress rate and temperature on the strength of basalt and granite [J]. Geophysics, 1968, 33 (3): 501-510.

[111]Friedman M,Perkins RD and Green SJ. Observation of brittle-deformation features at the maximum stress of westly granite and solenhofen limestone [J]. Int J Rock Mech Min Sci, 1970(7):297-306.

[112]Janach W. The role of bulking in brittle failure of rock under rapid compression [J]. Int J Rock Mech Min Sci, 1976(13): 177-186.

[113]Chong KP, Hoyt PM, Smith JW. Effects of strain rate on oil shale fracturing [J]. Int J RockMech Min Sci, 1980(17): 35-43.

[114]Grady D E, kipp, M. E. Continuum modeling of explosive fracture in oil shale [J]. Int J Rock Mech Min Sci, 1980(17): 147-157.

[115]Xu J, Sun H, Cui Y. et al. Study on dynamic characteristics of diorite under dry-wet cycle[J]. Rock Mechanics Rock Engineering,2021.

[116]Fei Zhao, Qiang Sun, Weiqiang Zhang. Fractal analysis of pore

structure of graniteafter variable thermal cycles[J]. Environmental Earth Sciences,2019,78(4).

[117] Ahmad Mardoukhi, Yousof Mardoukhi, Mikko Hokka, Veli-Tapani Kuokkala. Effects of Test Temperature and Low Temperature Thermal Cycling on the Dynamic Tensile Strength of Granitic Rocks[J]. Rock Mechanics and Rock Engineering,2020(prepublish).